초등 메가 계산력

8권

초등 4학년

자기 주도 학습력을 기르는 1일 10분 공부 습관!

공부가 쉬워지는 힘, 자기 주도 학습력!

자기 주도 학습력은 스스로 학습을 계획하고, 계획한 대로 실행하고, 결과를 평가하는 과정에서 향상됩니다.
이 과정을 매일 반복하여 훈련하다 보면 주체적인 학습이 가능해지며 이는 곧 공부 자신감으로 연결됩니다.

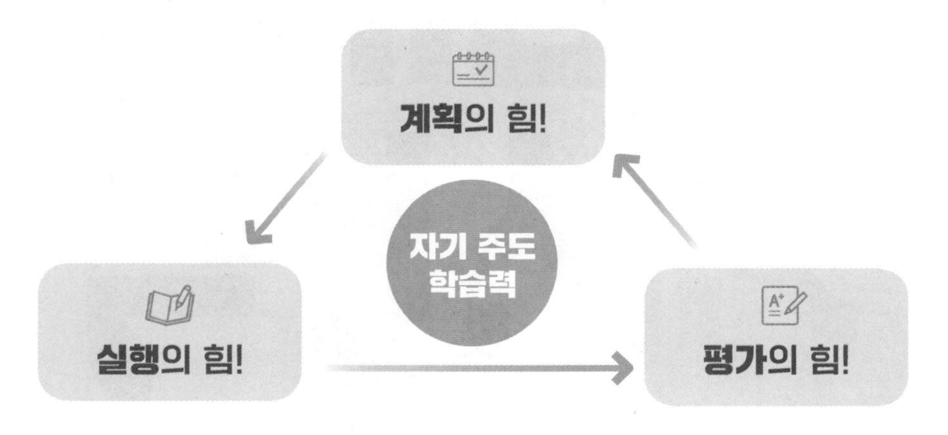

1일 10분 시리즈의 3단계 학습 로드맵

〈1일 10분〉 시리즈는 계획, 실행, 평가하는 3단계 학습 로드맵으로 자기 주도 학습력을 향상시킵니다.
또한 1일 10분씩 꾸준히 학습할 수 있는 **부담 없는 학습량으로 매일매일 공부 습관이 형성**됩니다.

1단계 학습 계획하기

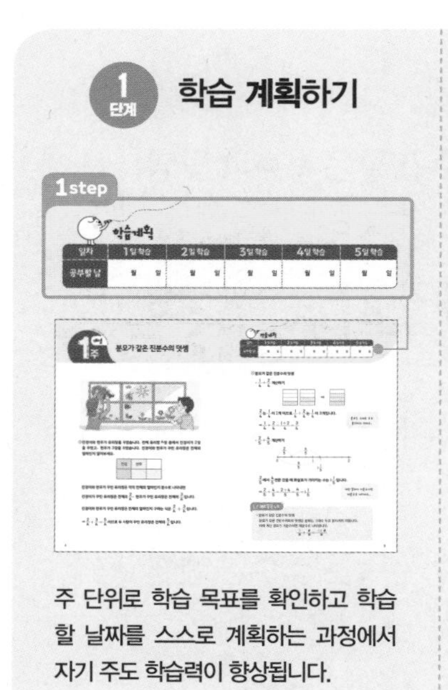

주 단위로 학습 목표를 확인하고 학습할 날짜를 스스로 계획하는 과정에서 자기 주도 학습력이 향상됩니다.

2단계 학습 실행하기

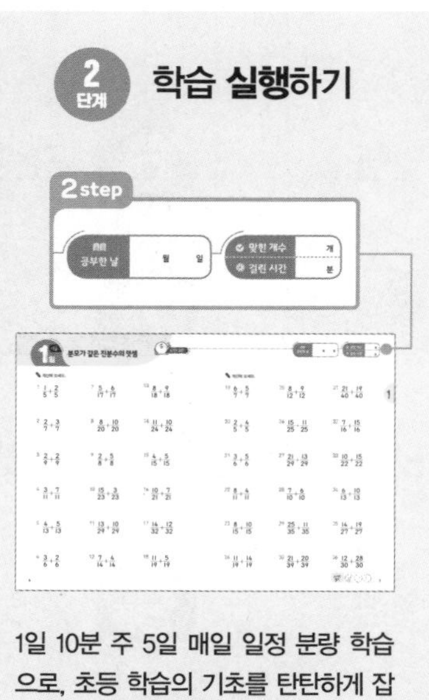

1일 10분 주 5일 매일 일정 분량 학습으로, 초등 학습의 기초를 탄탄하게 잡는 공부 습관이 형성됩니다.

3단계 결과 평가하기

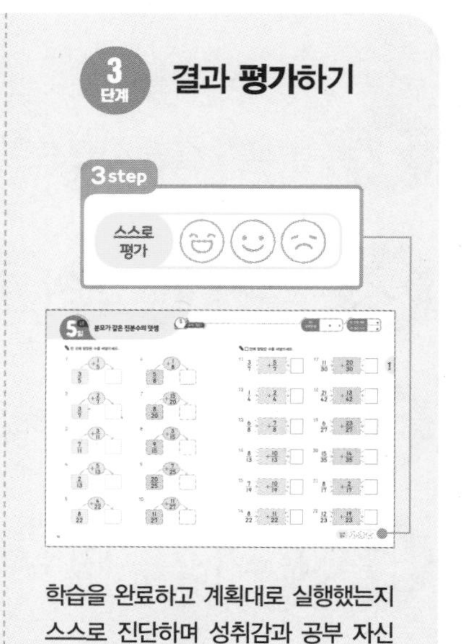

학습을 완료하고 계획대로 실행했는지 스스로 진단하며 성취감과 공부 자신감이 길러집니다.

핵심 개념

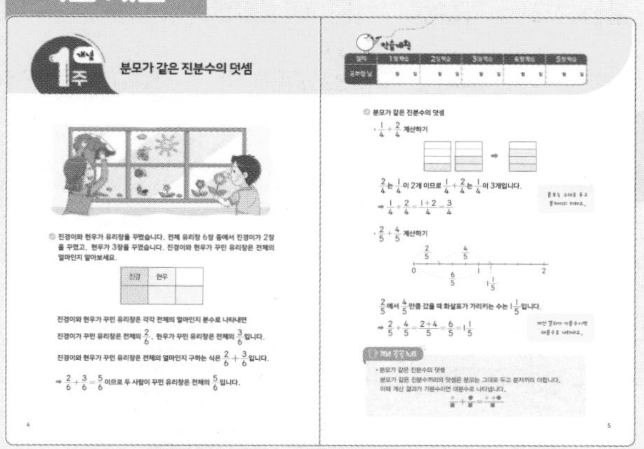

✚ 교과서 개념을 바탕으로 연산 원리를 쉽고 재미있게 이해할 수 있습니다.

연산 연습과 반복

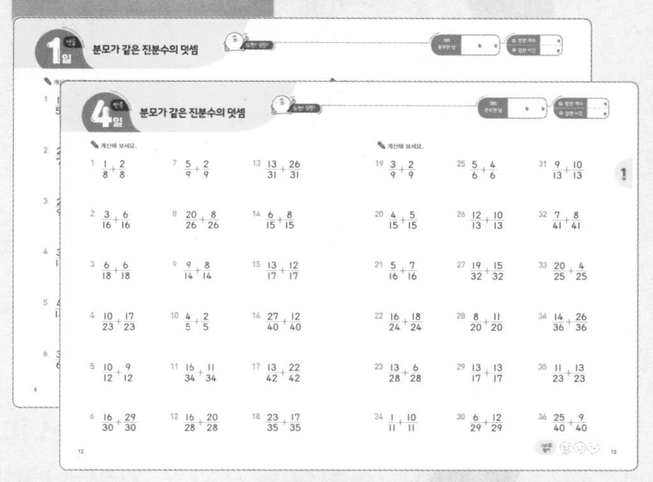

✚ 1일 10분 매일 공부하는 습관으로 연산 실력을 키울 수 있습니다.

연산 응용 학습

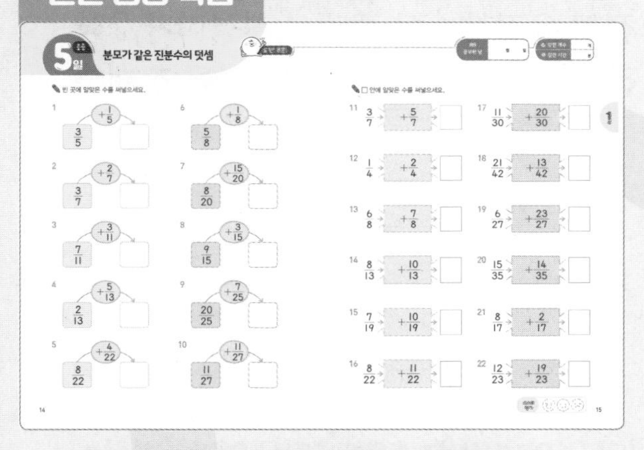

✚ 생각하며 푸는 연산으로 계산 원리를 완벽하게 이해할 수 있습니다.

생각 수학

✚ 한 주 동안 공부한 연산을 활용한 문제로 수학적 사고력과 창의력을 키울 수 있습니다.

분모가 같은 진분수의 덧셈

진경이와 현우가 유리창을 꾸몄습니다. 전체 유리창 6장 중에서 진경이가 2장을 꾸몄고, 현우가 3장을 꾸몄습니다. 진경이와 현우가 꾸민 유리창은 전체의 얼마인지 알아보세요.

진경	현우	

진경이와 현우가 꾸민 유리창은 각각 전체의 얼마인지 분수로 나타내면

진경이가 꾸민 유리창은 전체의 $\frac{2}{6}$, 현우가 꾸민 유리창은 전체의 $\frac{3}{6}$입니다.

진경이와 현우가 꾸민 유리창은 전체의 얼마인지 구하는 식은 $\frac{2}{6}+\frac{3}{6}$입니다.

➡ $\frac{2}{6}+\frac{3}{6}=\frac{5}{6}$이므로 두 사람이 꾸민 유리창은 전체의 $\frac{5}{6}$입니다.

일차	1일 학습	2일 학습	3일 학습	4일 학습	5일 학습
공부할 날	월 일	월 일	월 일	월 일	월 일

분모가 같은 진분수의 덧셈

• $\frac{1}{4}+\frac{2}{4}$ 계산하기

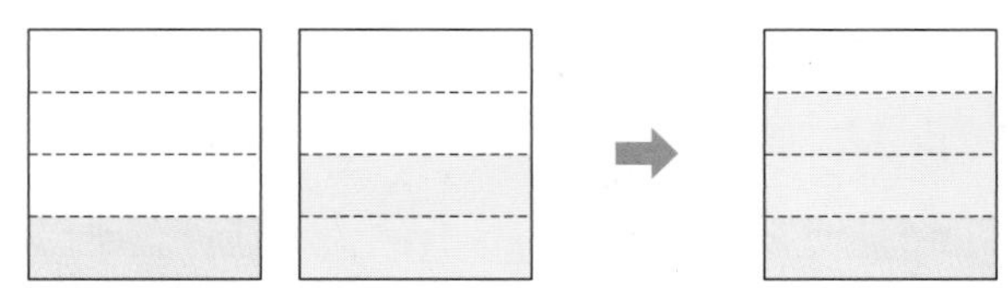

$\frac{2}{4}$는 $\frac{1}{4}$이 2개 이므로 $\frac{1}{4}+\frac{2}{4}$는 $\frac{1}{4}$이 3개입니다.

➡ $\frac{1}{4}+\frac{2}{4}=\frac{1+2}{4}=\frac{3}{4}$

분모는 그대로 두고 분자끼리 더해요.

• $\frac{2}{5}+\frac{4}{5}$ 계산하기

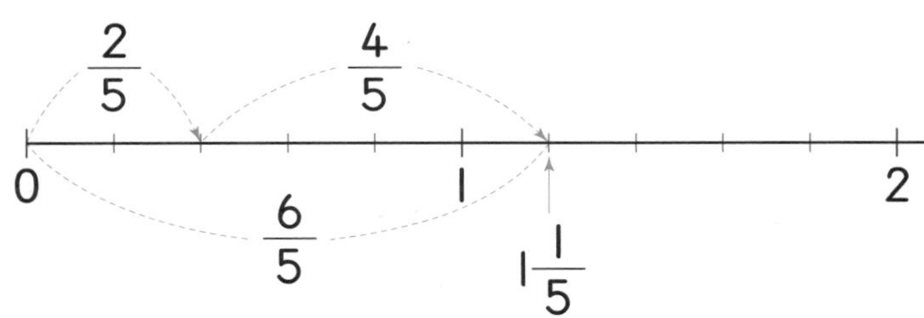

$\frac{2}{5}$에서 $\frac{4}{5}$만큼 갔을 때 화살표가 가리키는 수는 $1\frac{1}{5}$입니다.

➡ $\frac{2}{5}+\frac{4}{5}=\frac{2+4}{5}=\frac{6}{5}=1\frac{1}{5}$

계산 결과가 가분수이면 대분수로 나타내요.

개념 쏙쏙 노트

• 분모가 같은 진분수의 덧셈

분모가 같은 진분수끼리의 덧셈은 분모는 그대로 두고 분자끼리 더합니다.
이때 계산 결과가 가분수이면 대분수로 나타냅니다.

$$\frac{★}{■}+\frac{●}{■}=\frac{★+●}{■}$$

분모가 같은 진분수의 덧셈

계산해 보세요.

1 $\frac{1}{5}+\frac{2}{5}$

2 $\frac{2}{7}+\frac{3}{7}$

3 $\frac{2}{9}+\frac{2}{9}$

4 $\frac{3}{11}+\frac{7}{11}$

5 $\frac{4}{13}+\frac{5}{13}$

6 $\frac{3}{6}+\frac{2}{6}$

7 $\frac{5}{17}+\frac{6}{17}$

8 $\frac{8}{20}+\frac{10}{20}$

9 $\frac{2}{8}+\frac{5}{8}$

10 $\frac{15}{23}+\frac{3}{23}$

11 $\frac{13}{29}+\frac{10}{29}$

12 $\frac{7}{14}+\frac{4}{14}$

13 $\frac{8}{18}+\frac{9}{18}$

14 $\frac{11}{24}+\frac{10}{24}$

15 $\frac{4}{15}+\frac{5}{15}$

16 $\frac{10}{21}+\frac{7}{21}$

17 $\frac{14}{32}+\frac{12}{32}$

18 $\frac{11}{19}+\frac{5}{19}$

계산해 보세요.

19 $\frac{6}{7}+\frac{5}{7}$

20 $\frac{2}{5}+\frac{4}{5}$

21 $\frac{3}{6}+\frac{5}{6}$

22 $\frac{8}{11}+\frac{4}{11}$

23 $\frac{8}{15}+\frac{10}{15}$

24 $\frac{11}{19}+\frac{14}{19}$

25 $\frac{8}{12}+\frac{9}{12}$

26 $\frac{15}{25}+\frac{11}{25}$

27 $\frac{21}{29}+\frac{13}{29}$

28 $\frac{7}{10}+\frac{6}{10}$

29 $\frac{25}{35}+\frac{11}{35}$

30 $\frac{21}{39}+\frac{20}{39}$

31 $\frac{21}{40}+\frac{19}{40}$

32 $\frac{7}{16}+\frac{15}{16}$

33 $\frac{10}{22}+\frac{15}{22}$

34 $\frac{6}{13}+\frac{10}{13}$

35 $\frac{14}{27}+\frac{19}{27}$

36 $\frac{12}{30}+\frac{28}{30}$

스스로 평가

2일 반복

분모가 같은 진분수의 덧셈

계산해 보세요.

1 $\frac{1}{7}+\frac{3}{7}$

2 $\frac{3}{8}+\frac{2}{8}$

3 $\frac{2}{11}+\frac{8}{11}$

4 $\frac{5}{13}+\frac{6}{13}$

5 $\frac{7}{21}+\frac{8}{21}$

6 $\frac{17}{28}+\frac{3}{28}$

7 $\frac{2}{3}+\frac{2}{3}$

8 $\frac{7}{10}+\frac{2}{10}$

9 $\frac{5}{17}+\frac{3}{17}$

10 $\frac{13}{25}+\frac{20}{25}$

11 $\frac{10}{14}+\frac{7}{14}$

12 $\frac{11}{30}+\frac{17}{30}$

13 $\frac{10}{15}+\frac{10}{15}$

14 $\frac{14}{22}+\frac{13}{22}$

15 $\frac{13}{29}+\frac{8}{29}$

16 $\frac{4}{6}+\frac{1}{6}$

17 $\frac{4}{5}+\frac{3}{5}$

18 $\frac{13}{42}+\frac{22}{42}$

계산해 보세요.

19 $\frac{2}{5}+\frac{2}{5}$

20 $\frac{5}{10}+\frac{7}{10}$

21 $\frac{3}{7}+\frac{6}{7}$

22 $\frac{16}{18}+\frac{9}{18}$

23 $\frac{4}{9}+\frac{5}{9}$

24 $\frac{7}{16}+\frac{4}{16}$

25 $\frac{6}{11}+\frac{9}{11}$

26 $\frac{3}{4}+\frac{2}{4}$

27 $\frac{9}{13}+\frac{3}{13}$

28 $\frac{12}{24}+\frac{15}{24}$

29 $\frac{13}{21}+\frac{11}{21}$

30 $\frac{16}{27}+\frac{9}{27}$

31 $\frac{9}{12}+\frac{2}{12}$

32 $\frac{10}{20}+\frac{7}{20}$

33 $\frac{4}{8}+\frac{6}{8}$

34 $\frac{12}{32}+\frac{17}{32}$

35 $\frac{8}{15}+\frac{11}{15}$

36 $\frac{12}{40}+\frac{4}{40}$

스스로 평가

3 반복 일

분모가 같은 진분수의 덧셈

계산해 보세요.

1 $\frac{1}{8}+\frac{2}{8}$

7 $\frac{3}{5}+\frac{4}{5}$

13 $\frac{4}{16}+\frac{5}{16}$

2 $\frac{3}{10}+\frac{6}{10}$

8 $\frac{14}{25}+\frac{18}{25}$

14 $\frac{3}{6}+\frac{5}{6}$

3 $\frac{8}{12}+\frac{7}{12}$

9 $\frac{4}{11}+\frac{9}{11}$

15 $\frac{7}{24}+\frac{4}{24}$

4 $\frac{7}{15}+\frac{12}{15}$

10 $\frac{8}{9}+\frac{4}{9}$

16 $\frac{14}{19}+\frac{17}{19}$

5 $\frac{19}{20}+\frac{3}{20}$

11 $\frac{10}{18}+\frac{5}{18}$

17 $\frac{10}{36}+\frac{23}{36}$

6 $\frac{10}{30}+\frac{20}{30}$

12 $\frac{8}{32}+\frac{17}{32}$

18 $\frac{12}{44}+\frac{30}{44}$

계산해 보세요.

19 $\frac{1}{3}+\frac{1}{3}$

20 $\frac{16}{20}+\frac{2}{20}$

21 $\frac{12}{43}+\frac{13}{43}$

22 $\frac{2}{10}+\frac{9}{10}$

23 $\frac{9}{13}+\frac{8}{13}$

24 $\frac{6}{8}+\frac{7}{8}$

25 $\frac{6}{7}+\frac{6}{7}$

26 $\frac{2}{6}+\frac{3}{6}$

27 $\frac{13}{15}+\frac{9}{15}$

28 $\frac{14}{18}+\frac{8}{18}$

29 $\frac{15}{26}+\frac{11}{26}$

30 $\frac{14}{19}+\frac{1}{19}$

31 $\frac{25}{30}+\frac{17}{30}$

32 $\frac{7}{17}+\frac{5}{17}$

33 $\frac{6}{7}+\frac{4}{7}$

34 $\frac{36}{50}+\frac{18}{50}$

35 $\frac{20}{36}+\frac{24}{36}$

36 $\frac{15}{28}+\frac{19}{28}$

분모가 같은 진분수의 덧셈

계산해 보세요.

1 $\frac{1}{8}+\frac{2}{8}$

2 $\frac{3}{16}+\frac{6}{16}$

3 $\frac{6}{18}+\frac{6}{18}$

4 $\frac{10}{23}+\frac{17}{23}$

5 $\frac{10}{12}+\frac{9}{12}$

6 $\frac{16}{30}+\frac{29}{30}$

7 $\frac{5}{9}+\frac{2}{9}$

8 $\frac{20}{26}+\frac{8}{26}$

9 $\frac{9}{14}+\frac{8}{14}$

10 $\frac{4}{5}+\frac{2}{5}$

11 $\frac{16}{34}+\frac{11}{34}$

12 $\frac{16}{28}+\frac{20}{28}$

13 $\frac{13}{31}+\frac{26}{31}$

14 $\frac{6}{15}+\frac{8}{15}$

15 $\frac{13}{17}+\frac{12}{17}$

16 $\frac{27}{40}+\frac{12}{40}$

17 $\frac{13}{42}+\frac{22}{42}$

18 $\frac{23}{35}+\frac{17}{35}$

계산해 보세요.

19 $\frac{3}{9}+\frac{2}{9}$

20 $\frac{4}{15}+\frac{5}{15}$

21 $\frac{5}{16}+\frac{7}{16}$

22 $\frac{16}{24}+\frac{18}{24}$

23 $\frac{13}{28}+\frac{6}{28}$

24 $\frac{1}{11}+\frac{10}{11}$

25 $\frac{5}{6}+\frac{4}{6}$

26 $\frac{12}{13}+\frac{10}{13}$

27 $\frac{19}{32}+\frac{15}{32}$

28 $\frac{8}{20}+\frac{11}{20}$

29 $\frac{13}{17}+\frac{13}{17}$

30 $\frac{6}{29}+\frac{12}{29}$

31 $\frac{9}{13}+\frac{10}{13}$

32 $\frac{7}{41}+\frac{8}{41}$

33 $\frac{20}{25}+\frac{4}{25}$

34 $\frac{14}{36}+\frac{26}{36}$

35 $\frac{11}{23}+\frac{13}{23}$

36 $\frac{25}{40}+\frac{9}{40}$

스스로 평가

5일 응용

분모가 같은 진분수의 덧셈

빈 곳에 알맞은 수를 써넣으세요.

1

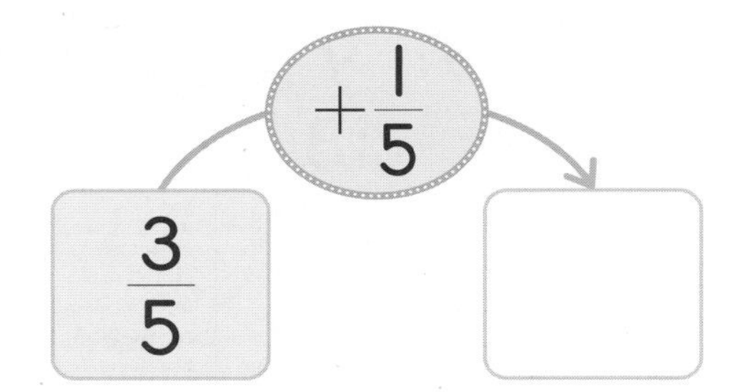

$\frac{3}{5}$ $+\frac{1}{5}$ → ☐

2

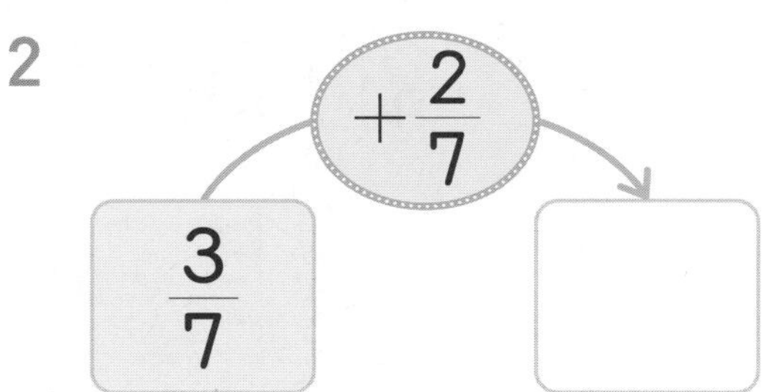

$\frac{3}{7}$ $+\frac{2}{7}$ → ☐

3

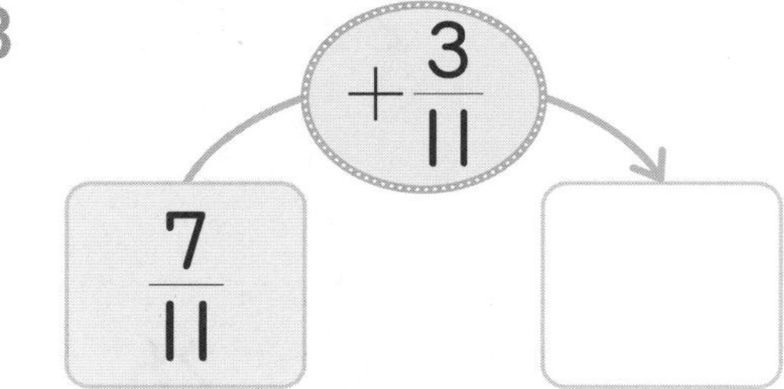

$\frac{7}{11}$ $+\frac{3}{11}$ → ☐

4

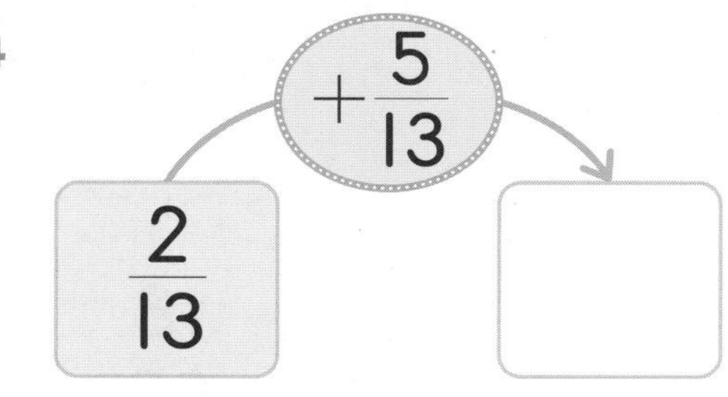

$\frac{2}{13}$ $+\frac{5}{13}$ → ☐

5

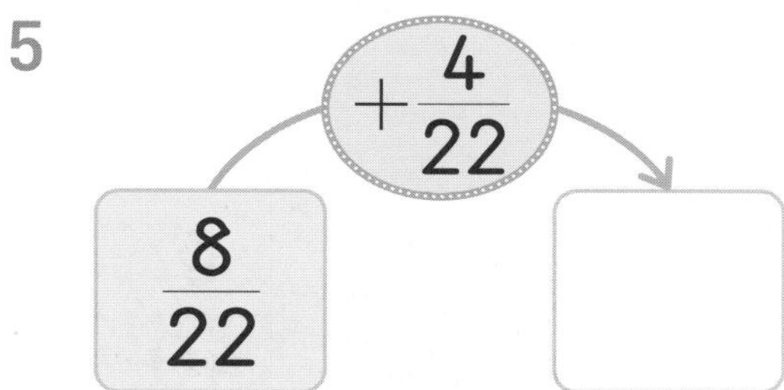

$\frac{8}{22}$ $+\frac{4}{22}$ → ☐

6

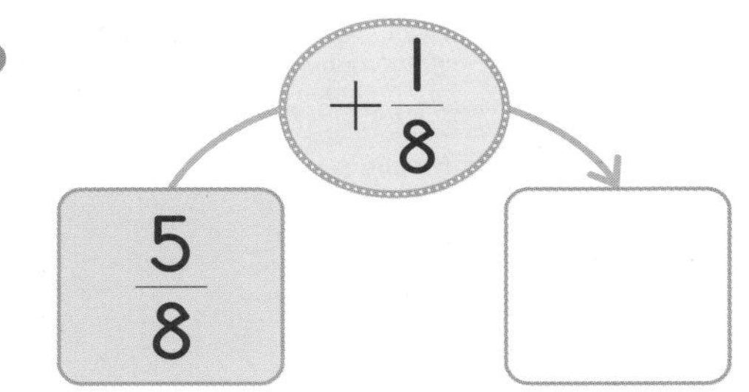

$\frac{5}{8}$ $+\frac{1}{8}$ → ☐

7

$\frac{8}{20}$ $+\frac{15}{20}$ → ☐

8

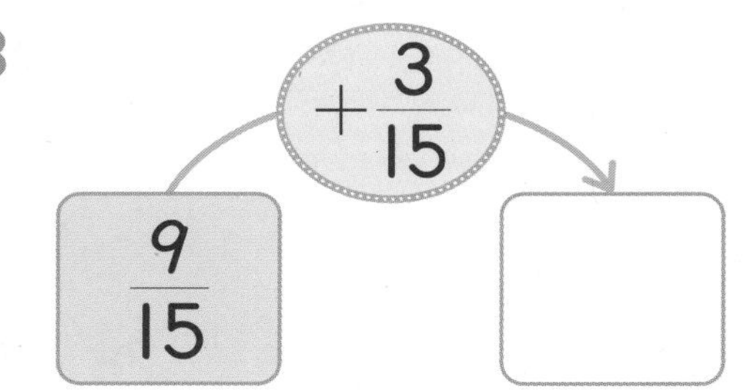

$\frac{9}{15}$ $+\frac{3}{15}$ → ☐

9

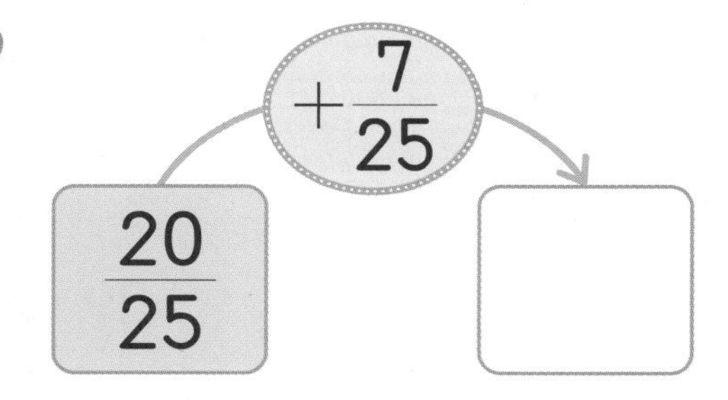

$\frac{20}{25}$ $+\frac{7}{25}$ → ☐

10

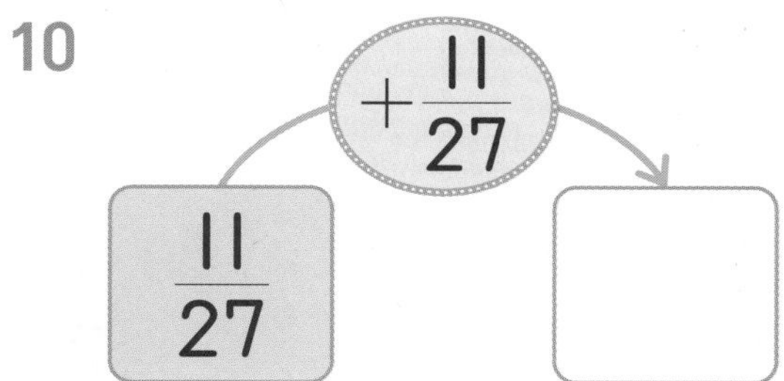

$\frac{11}{27}$ $+\frac{11}{27}$ → ☐

□ 안에 알맞은 수를 써넣으세요.

11 $\frac{3}{7}$ → $+\frac{5}{7}$ → □

12 $\frac{1}{4}$ → $+\frac{2}{4}$ → □

13 $\frac{6}{8}$ → $+\frac{7}{8}$ → □

14 $\frac{8}{13}$ → $+\frac{10}{13}$ → □

15 $\frac{7}{19}$ → $+\frac{10}{19}$ → □

16 $\frac{8}{22}$ → $+\frac{11}{22}$ → □

17 $\frac{11}{30}$ → $+\frac{20}{30}$ → □

18 $\frac{21}{42}$ → $+\frac{13}{42}$ → □

19 $\frac{6}{27}$ → $+\frac{23}{27}$ → □

20 $\frac{15}{35}$ → $+\frac{14}{35}$ → □

21 $\frac{8}{17}$ → $+\frac{2}{17}$ → □

22 $\frac{12}{23}$ → $+\frac{19}{23}$ → □

스스로 평가

관계있는 것끼리 선으로 이어 보세요.

$\frac{3}{12}+\frac{5}{12}$

$\frac{1}{12}+\frac{6}{12}$

$\frac{7}{12}+\frac{2}{12}$

$\frac{7}{12}$

$\frac{8}{12}$

$\frac{9}{12}$

$\frac{4}{12}+\frac{5}{12}$

$\frac{3}{12}+\frac{4}{12}$

$\frac{6}{12}+\frac{2}{12}$

✎ 바르게 계산한 것을 찾아 ○표 하세요.

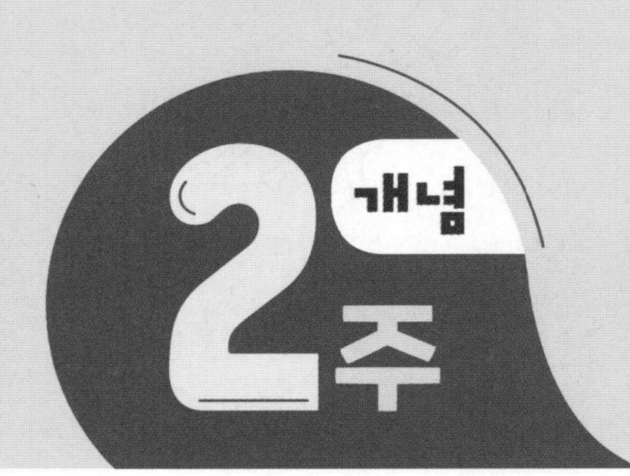

분모가 같은 진분수의 뺄셈

초콜릿을 10조각으로 똑같이 나누어 희진이는 4조각, 민재는 6조각 먹었습니다. 민재가 더 먹은 초콜릿의 양은 전체의 얼마인가요?

희진 $\frac{4}{10}$

민재 $\frac{6}{10}$

희진이와 민재가 먹은 초콜릿은 각각 전체의 얼마인지 분수로 나타내면

희진이가 먹은 초콜릿은 전체의 $\frac{4}{10}$, 민재가 먹은 초콜릿은 전체의 $\frac{6}{10}$입니다.

민재가 희진이보다 더 먹은 초콜릿의 양은 전체의 얼마인지 구하는 식은

$\frac{6}{10}-\frac{4}{10}$입니다.

➡ $\frac{6}{10}-\frac{4}{10}=\frac{2}{10}$이므로 민재가 더 먹은 초콜릿의 양은 전체의 $\frac{2}{10}$입니다.

일차	1일 학습	2일 학습	3일 학습	4일 학습	5일 학습
공부할 날	월 일	월 일	월 일	월 일	월 일

(진분수)−(진분수)

• $\frac{3}{4}-\frac{1}{4}$ 계산하기

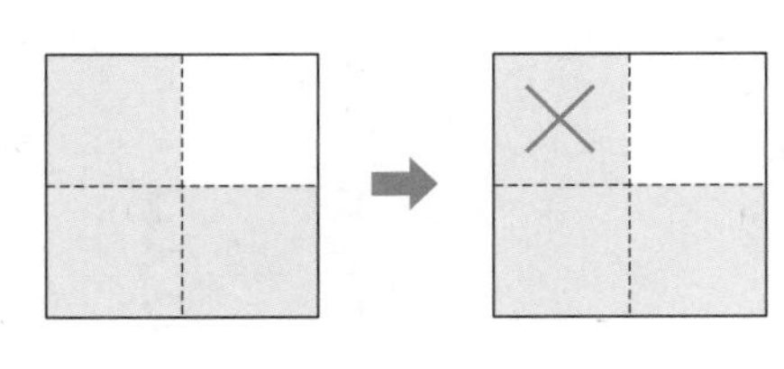

$\frac{3}{4}$은 $\frac{1}{4}$이 3개 이므로 $\frac{3}{4}-\frac{1}{4}$은 $\frac{1}{4}$이 2개입니다.

➡ $\frac{3}{4}-\frac{1}{4}=\frac{3-1}{4}=\frac{2}{4}$

분모는 그대로 두고 분자끼리 빼요.

1−(진분수)

• $1-\frac{2}{6}$ 계산하기

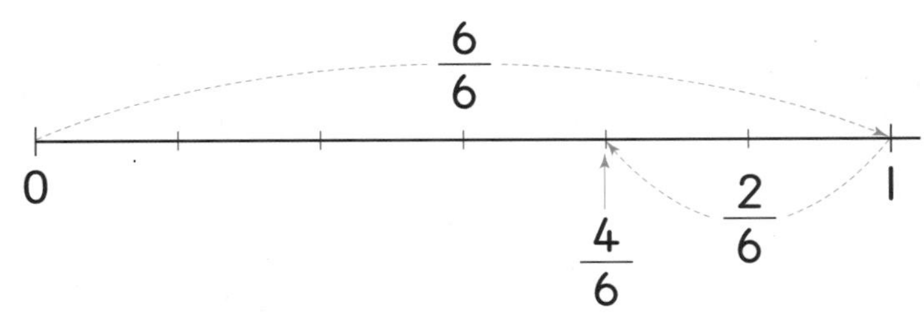

1에서 $\frac{2}{6}$만큼 되돌아갔을 때 화살표가 가리키는 수는 $\frac{4}{6}$입니다.

➡ $1-\frac{2}{6}=\frac{6}{6}-\frac{2}{6}=\frac{6-2}{6}=\frac{4}{6}$

1을 가분수로 만들어 분모는 그대로 두고 분자끼리 빼요.

개념 쏙쏙 노트

• (진분수)−(진분수)
분모가 같은 진분수끼리의 뺄셈은 분모는 그대로 두고 분자끼리 뺍니다.
• 1−(진분수)
1을 가분수로 만든 후 분모는 그대로 두고 분자끼리 뺍니다.

분모가 같은 진분수의 뺄셈

계산해 보세요.

1 $\frac{6}{7}-\frac{2}{7}$

2 $\frac{17}{19}-\frac{1}{19}$

3 $\frac{7}{8}-\frac{3}{8}$

4 $\frac{3}{6}-\frac{2}{6}$

5 $\frac{6}{9}-\frac{3}{9}$

6 $\frac{5}{17}-\frac{1}{17}$

7 $\frac{8}{13}-\frac{6}{13}$

8 $\frac{15}{41}-\frac{7}{41}$

9 $\frac{2}{5}-\frac{1}{5}$

10 $\frac{13}{23}-\frac{7}{23}$

11 $\frac{2}{11}-\frac{1}{11}$

12 $\frac{14}{29}-\frac{7}{29}$

13 $\frac{6}{27}-\frac{2}{27}$

14 $\frac{5}{9}-\frac{3}{9}$

15 $\frac{13}{25}-\frac{11}{25}$

16 $\frac{9}{10}-\frac{7}{10}$

17 $\frac{16}{31}-\frac{7}{31}$

18 $\frac{14}{19}-\frac{6}{19}$

 계산해 보세요.

19 $1-\frac{2}{5}$

20 $1-\frac{7}{9}$

21 $1-\frac{4}{7}$

22 $1-\frac{2}{4}$

23 $1-\frac{1}{3}$

24 $1-\frac{3}{10}$

25 $1-\frac{2}{15}$

26 $1-\frac{10}{19}$

27 $1-\frac{2}{8}$

28 $1-\frac{5}{12}$

29 $1-\frac{7}{11}$

30 $1-\frac{3}{6}$

31 $1-\frac{11}{13}$

32 $1-\frac{11}{16}$

33 $1-\frac{5}{14}$

34 $1-\frac{9}{20}$

35 $1-\frac{9}{18}$

36 $1-\frac{12}{27}$

스스로 평가

2일 반복 분모가 같은 진분수의 뺄셈

계산해 보세요.

1 $\frac{3}{4}-\frac{1}{4}$

2 $\frac{6}{7}-\frac{2}{7}$

3 $\frac{5}{13}-\frac{2}{13}$

4 $\frac{4}{17}-\frac{1}{17}$

5 $1-\frac{5}{9}$

6 $\frac{7}{11}-\frac{3}{11}$

7 $\frac{4}{12}-\frac{1}{12}$

8 $1-\frac{12}{19}$

9 $\frac{16}{20}-\frac{4}{20}$

10 $\frac{2}{21}-\frac{1}{21}$

11 $1-\frac{2}{22}$

12 $\frac{7}{31}-\frac{4}{31}$

13 $1-\frac{5}{13}$

14 $\frac{4}{15}-\frac{1}{15}$

15 $\frac{4}{16}-\frac{2}{16}$

16 $1-\frac{5}{17}$

17 $\frac{6}{18}-\frac{4}{18}$

18 $1-\frac{3}{8}$

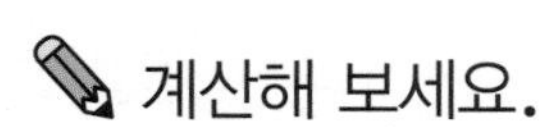

계산해 보세요.

19 $\frac{11}{21}-\frac{10}{21}$

20 $\frac{17}{31}-\frac{9}{31}$

21 $\frac{6}{29}-\frac{3}{29}$

22 $1-\frac{8}{23}$

23 $\frac{6}{17}-\frac{2}{17}$

24 $\frac{23}{25}-\frac{16}{25}$

25 $\frac{12}{27}-\frac{7}{27}$

26 $1-\frac{5}{16}$

27 $\frac{17}{39}-\frac{9}{39}$

28 $\frac{18}{36}-\frac{9}{36}$

29 $\frac{17}{43}-\frac{2}{43}$

30 $\frac{6}{37}-\frac{3}{37}$

31 $1-\frac{21}{41}$

32 $\frac{12}{36}-\frac{6}{36}$

33 $\frac{7}{11}-\frac{3}{11}$

34 $1-\frac{7}{21}$

35 $\frac{14}{19}-\frac{7}{19}$

36 $\frac{9}{27}-\frac{3}{27}$

스스로 평가

3일 반복

분모가 같은 진분수의 뺄셈

계산해 보세요.

1 $\frac{5}{6}-\frac{3}{6}$

7 $\frac{5}{16}-\frac{1}{16}$

13 $\frac{6}{9}-\frac{3}{9}$

2 $\frac{7}{11}-\frac{3}{11}$

8 $\frac{13}{17}-\frac{7}{17}$

14 $1-\frac{4}{25}$

3 $1-\frac{11}{29}$

9 $\frac{11}{16}-\frac{9}{16}$

15 $\frac{24}{31}-\frac{17}{31}$

4 $\frac{17}{36}-\frac{9}{36}$

10 $1-\frac{13}{21}$

16 $\frac{13}{19}-\frac{9}{19}$

5 $1-\frac{26}{49}$

11 $\frac{12}{26}-\frac{8}{26}$

17 $\frac{22}{42}-\frac{12}{42}$

6 $1-\frac{2}{14}$

12 $\frac{3}{15}-\frac{1}{15}$

18 $\frac{20}{36}-\frac{10}{36}$

공부한 날 월 일 | 맞힌 개수 개 | 걸린 시간 분

계산해 보세요.

19 $\frac{17}{34}-\frac{15}{34}$

20 $\frac{15}{20}-\frac{10}{20}$

21 $\frac{4}{6}-\frac{1}{6}$

22 $\frac{5}{13}-\frac{2}{13}$

23 $\frac{6}{30}-\frac{4}{30}$

24 $\frac{17}{43}-\frac{16}{43}$

25 $1-\frac{13}{21}$

26 $\frac{26}{39}-\frac{17}{39}$

27 $\frac{17}{43}-\frac{9}{43}$

28 $1-\frac{9}{28}$

29 $\frac{14}{15}-\frac{9}{15}$

30 $\frac{3}{21}-\frac{1}{21}$

31 $\frac{4}{17}-\frac{2}{17}$

32 $\frac{14}{29}-\frac{12}{29}$

33 $\frac{16}{32}-\frac{8}{32}$

34 $\frac{4}{16}-\frac{2}{16}$

35 $1-\frac{17}{32}$

36 $1-\frac{11}{16}$

2주

스스로 평가

분모가 같은 진분수의 뺄셈

계산해 보세요.

1 $1-\frac{12}{17}$

2 $\frac{7}{13}-\frac{2}{13}$

3 $\frac{7}{9}-\frac{3}{9}$

4 $1-\frac{1}{17}$

5 $\frac{17}{41}-\frac{9}{41}$

6 $\frac{9}{18}-\frac{6}{18}$

7 $\frac{13}{21}-\frac{10}{21}$

8 $\frac{20}{34}-\frac{10}{34}$

9 $\frac{8}{16}-\frac{4}{16}$

10 $\frac{15}{32}-\frac{9}{32}$

11 $\frac{7}{41}-\frac{2}{41}$

12 $\frac{29}{31}-\frac{22}{31}$

13 $\frac{21}{36}-\frac{19}{36}$

14 $\frac{21}{43}-\frac{7}{43}$

15 $1-\frac{4}{26}$

16 $\frac{14}{31}-\frac{9}{31}$

17 $\frac{21}{43}-\frac{11}{43}$

18 $1-\frac{4}{26}$

계산해 보세요.

19 $\frac{17}{34}-\frac{8}{34}$

25 $\frac{16}{32}-\frac{9}{32}$

31 $1-\frac{11}{17}$

20 $1-\frac{14}{16}$

26 $\frac{17}{41}-\frac{9}{41}$

32 $\frac{12}{38}-\frac{6}{38}$

21 $\frac{11}{13}-\frac{2}{13}$

27 $1-\frac{22}{34}$

33 $\frac{21}{40}-\frac{17}{40}$

22 $\frac{9}{27}-\frac{3}{27}$

28 $\frac{13}{39}-\frac{9}{39}$

34 $1-\frac{10}{29}$

23 $\frac{10}{30}-\frac{5}{30}$

29 $\frac{20}{40}-\frac{7}{40}$

35 $\frac{5}{11}-\frac{2}{11}$

24 $1-\frac{8}{26}$

30 $\frac{5}{13}-\frac{3}{13}$

36 $\frac{14}{31}-\frac{9}{31}$

스스로 평가

분모가 같은 진분수의 뺄셈

빈 곳에 알맞은 수를 써넣으세요.

1 (−)

$\frac{6}{7}$	$\frac{1}{7}$	

2 (−)

$\frac{6}{9}$	$\frac{3}{9}$	

3 (−)

1	$\frac{2}{13}$	

4 (−)

$\frac{4}{17}$	$\frac{1}{17}$	

5 (−)

$\frac{7}{14}$	$\frac{3}{14}$	

6 (−)

$\frac{15}{31}$	$\frac{2}{31}$	

7 (−)

1	$\frac{14}{29}$	

8 (−)

$\frac{12}{16}$	$\frac{6}{16}$	

9 (−)

$\frac{14}{19}$	$\frac{11}{19}$	

10 (−)

$\frac{13}{26}$	$\frac{3}{26}$	

11 (−)

$\frac{15}{30}$	$\frac{10}{30}$	

12 (−)

1	$\frac{15}{21}$	

2주

빈 곳에 두 수의 차를 써넣으세요.

13

$\frac{12}{15}$	$\frac{3}{15}$

14

1	$\frac{12}{16}$

15

$\frac{17}{18}$	$\frac{9}{18}$

16

$\frac{20}{40}$	$\frac{10}{40}$

17

$\frac{8}{9}$	$\frac{2}{9}$

18

1	$\frac{7}{20}$

19

$\frac{14}{15}$	$\frac{4}{15}$

20

1	$\frac{9}{21}$

21

$\frac{17}{35}$	$\frac{13}{35}$

22

$\frac{4}{19}$	$\frac{1}{19}$

스스로 평가

털실을 따라가 도착한 바구니에 계산 결과를 써넣으세요.

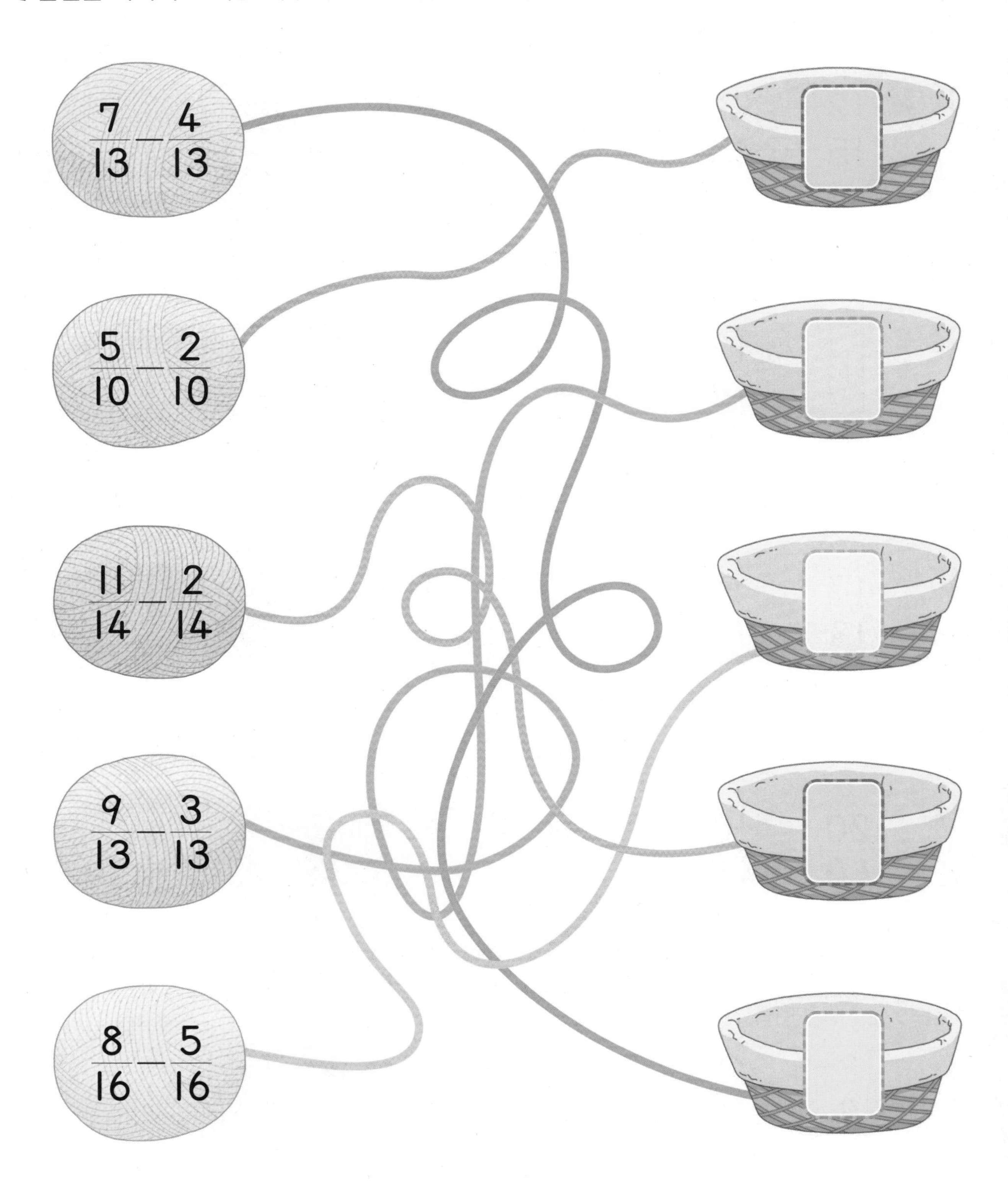

주영이는 다람쥐가 먹을 도토리가 부족하다는 기사를 보고, 도토리 1 kg을 산에 두고 왔습니다. 다람쥐들이 도토리를 어제는 $\frac{1}{6}$ kg, 오늘은 $\frac{3}{6}$ kg을 먹었습니다. 주영이가 두고 온 도토리는 몇 kg 남았나요?

어제 먹고 남은 도토리 : $1-\frac{\square}{6}=\frac{\square}{\square}$ (kg)

오늘 먹고 남은 도토리 : $\frac{\square}{\square}-\frac{3}{6}=\frac{\square}{\square}$ (kg)

분모가 같은 대분수의 덧셈

승원이는 빵을 만드는 데 밀가루를 $2\frac{1}{5}$컵, 쿠키를 만드는 데 밀가루를 $1\frac{2}{5}$컵 사용했습니다. 빵과 쿠키를 만드는 데 사용한 밀가루는 모두 몇 컵인가요?

빵과 쿠키를 만드는 데 사용한 밀가루의 양을 그림으로 나타내어 봅니다.

빵

쿠키

색칠한 부분은 모두 $3\frac{3}{5}$이에요. ➡ $2\frac{1}{5}+1\frac{2}{5}=3\frac{3}{5}$

빵과 쿠키를 만드는 데 사용한 밀가루는 모두 $3\frac{3}{5}$컵이에요.

일차	1일 학습	2일 학습	3일 학습	4일 학습	5일 학습
공부할 날	월 일	월 일	월 일	월 일	월 일

대분수와 대분수의 덧셈

• $1\frac{2}{4}+2\frac{3}{4}$ 계산하기

방법 1 자연수 부분과 진분수 부분으로 나누어서 계산하기

$$1\frac{2}{4}+2\frac{3}{4}=(1+2)+\left(\frac{2}{4}+\frac{3}{4}\right)=3+\frac{5}{4}=3+1\frac{1}{4}=4\frac{1}{4}$$

가분수는 대분수로 나타내요.

방법 2 대분수를 가분수로 바꾸어 계산하기

$$1\frac{2}{4}+2\frac{3}{4}=\frac{6}{4}+\frac{11}{4}=\frac{17}{4}=4\frac{1}{4}$$

대분수와 가분수의 덧셈

• $1\frac{2}{5}+\frac{6}{5}$ 계산하기

방법 1 가분수를 대분수로 바꾸어 계산하기

$$1\frac{2}{5}+\frac{6}{5}=1\frac{2}{5}+1\frac{1}{5}=(1+1)+\left(\frac{2}{5}+\frac{1}{5}\right)=2+\frac{3}{5}=2\frac{3}{5}$$

방법 2 대분수를 가분수로 바꾸어 계산하기

$$1\frac{2}{5}+\frac{6}{5}=\frac{7}{5}+\frac{6}{5}=\frac{13}{5}=2\frac{3}{5}$$

개념 쏙쏙 노트

• 대분수의 덧셈

방법 1 자연수는 자연수끼리, 분수는 분수끼리 더합니다. 이때 분수끼리 더한 결과가 가분수이면 대분수로 바꾸어 나타냅니다.

방법 2 대분수를 가분수로 바꾸어 계산한 후 가분수를 대분수로 나타냅니다.

분모가 같은 대분수의 덧셈

계산해 보세요.

1 $1\frac{4}{7}+5\frac{1}{7}$

2 $2\frac{1}{4}+4\frac{2}{4}$

3 $3\frac{2}{8}+4\frac{4}{8}$

4 $5\frac{7}{14}+2\frac{3}{14}$

5 $7\frac{1}{21}+4\frac{6}{21}$

6 $5\frac{6}{27}+6\frac{4}{27}$

7 $5\frac{1}{17}+7\frac{6}{17}$

8 $3\frac{6}{23}+2\frac{7}{23}$

9 $4\frac{4}{12}+2\frac{5}{12}$

10 $6\frac{3}{19}+1\frac{11}{19}$

11 $3\frac{4}{11}+4\frac{5}{11}$

12 $5\frac{3}{24}+4\frac{5}{24}$

13 $6\frac{16}{31}+3\frac{12}{31}$

14 $2\frac{7}{15}+7\frac{3}{15}$

15 $6\frac{7}{20}+3\frac{9}{20}$

16 $3\frac{5}{14}+2\frac{8}{14}$

17 $4\frac{11}{16}+2\frac{2}{16}$

18 $1\frac{18}{29}+3\frac{4}{29}$

계산해 보세요.

19 $2\frac{3}{8}+3\frac{6}{8}$

20 $7\frac{12}{17}+2\frac{9}{17}$

21 $4\frac{5}{10}+5\frac{8}{10}$

22 $7\frac{11}{22}+2\frac{16}{22}$

23 $1\frac{21}{26}+5\frac{6}{26}$

24 $7\frac{21}{32}+2\frac{17}{32}$

25 $1\frac{23}{30}+4\frac{7}{30}$

26 $6\frac{11}{28}+2\frac{20}{28}$

27 $7\frac{11}{14}+1\frac{12}{14}$

28 $5\frac{17}{29}+4\frac{18}{29}$

29 $3\frac{9}{18}+4\frac{11}{18}$

30 $2\frac{18}{20}+4\frac{16}{20}$

31 $3\frac{24}{30}+2\frac{8}{30}$

32 $5\frac{18}{25}+6\frac{15}{25}$

33 $5\frac{20}{27}+2\frac{21}{27}$

34 $6\frac{13}{15}+2\frac{4}{15}$

35 $3\frac{9}{11}+3\frac{8}{11}$

36 $1\frac{10}{21}+3\frac{17}{21}$

스스로 평가

분모가 같은 대분수의 덧셈

계산해 보세요.

1 $5\frac{3}{5}+5\frac{3}{5}$

2 $7\frac{4}{11}+2\frac{8}{11}$

3 $1\frac{9}{17}+2\frac{9}{17}$

4 $3\frac{4}{12}+4\frac{11}{12}$

5 $1\frac{20}{26}+2\frac{3}{26}$

6 $2\frac{17}{19}+4\frac{18}{19}$

7 $2\frac{16}{21}+4\frac{6}{21}$

8 $4\frac{7}{16}+7\frac{6}{16}$

9 $2\frac{15}{19}+4\frac{6}{19}$

10 $1\frac{11}{20}+4\frac{1}{20}$

11 $3\frac{26}{30}+4\frac{6}{30}$

12 $7\frac{17}{32}+1\frac{7}{32}$

13 $1\frac{14}{15}+1\frac{3}{15}$

14 $1\frac{7}{22}+1\frac{16}{22}$

15 $4\frac{10}{14}+5\frac{2}{14}$

16 $6\frac{16}{23}+1\frac{7}{23}$

17 $5\frac{9}{13}+2\frac{10}{13}$

18 $3\frac{12}{21}+2\frac{18}{21}$

계산해 보세요.

19 $2\frac{11}{27}+3\frac{7}{27}$

20 $1\frac{13}{23}+3\frac{12}{23}$

21 $2\frac{17}{21}+3\frac{14}{21}$

22 $5\frac{12}{15}+1\frac{11}{15}$

23 $7\frac{23}{28}+1\frac{6}{28}$

24 $2\frac{17}{20}+4\frac{4}{20}$

25 $5\frac{2}{7}+4\frac{6}{7}$

26 $3\frac{14}{18}+2\frac{7}{18}$

27 $3\frac{11}{22}+5\frac{2}{22}$

28 $5\frac{21}{30}+5\frac{16}{30}$

29 $1\frac{33}{50}+4\frac{6}{50}$

30 $5\frac{15}{43}+4\frac{17}{43}$

31 $2\frac{12}{31}+4\frac{13}{31}$

32 $5\frac{13}{39}+4\frac{21}{39}$

33 $4\frac{19}{33}+2\frac{18}{33}$

34 $6\frac{7}{19}+1\frac{14}{19}$

35 $7\frac{8}{25}+1\frac{23}{25}$

36 $3\frac{20}{35}+3\frac{18}{35}$

스스로 평가

3일 반복

분모가 같은 대분수의 덧셈

계산해 보세요.

1 $2\frac{1}{8}+4\frac{5}{8}$

2 $3\frac{2}{14}+1\frac{7}{14}$

3 $1\frac{2}{7}+2\frac{6}{7}$

4 $2\frac{16}{21}+4\frac{7}{21}$

5 $1\frac{17}{42}+4\frac{19}{42}$

6 $5\frac{16}{19}+1\frac{5}{19}$

7 $7\frac{44}{50}+1\frac{12}{50}$

8 $2\frac{6}{17}+1\frac{3}{17}$

9 $2\frac{3}{9}+3\frac{8}{9}$

10 $3\frac{14}{33}+1\frac{6}{33}$

11 $1\frac{7}{13}+1\frac{8}{13}$

12 $4\frac{17}{22}+1\frac{13}{22}$

13 $4\frac{36}{72}+2\frac{21}{72}$

14 $1\frac{25}{31}+1\frac{20}{31}$

15 $5\frac{11}{15}+4\frac{4}{15}$

16 $7\frac{13}{26}+1\frac{21}{26}$

17 $6\frac{9}{13}+3\frac{2}{13}$

18 $3\frac{14}{30}+2\frac{17}{30}$

계산해 보세요.

19 $1\frac{5}{6}+1\frac{4}{6}$

20 $2\frac{2}{5}+2\frac{4}{5}$

21 $3\frac{6}{15}+2\frac{10}{15}$

22 $7\frac{15}{17}+1\frac{7}{17}$

23 $4\frac{9}{18}+2\frac{7}{18}$

24 $5\frac{11}{22}+3\frac{14}{22}$

25 $1\frac{7}{10}+3\frac{5}{10}$

26 $2\frac{16}{19}+1\frac{7}{19}$

27 $1\frac{4}{21}+1\frac{16}{21}$

28 $2\frac{17}{25}+4\frac{5}{25}$

29 $3\frac{17}{27}+3\frac{12}{27}$

30 $4\frac{15}{33}+2\frac{19}{33}$

31 $1\frac{17}{31}+1\frac{15}{31}$

32 $5\frac{31}{43}+1\frac{14}{43}$

33 $4\frac{18}{20}+5\frac{10}{20}$

34 $3\frac{11}{24}+2\frac{20}{24}$

35 $6\frac{24}{31}+1\frac{28}{31}$

36 $5\frac{13}{16}+3\frac{15}{16}$

스스로 평가

분모가 같은 대분수의 덧셈

계산해 보세요.

1 $8\frac{6}{12}+4\frac{4}{12}$

2 $3\frac{4}{10}+7\frac{7}{10}$

3 $1\frac{11}{15}+2\frac{12}{15}$

4 $2\frac{5}{7}+4\frac{6}{7}$

5 $1\frac{14}{26}+1\frac{13}{26}$

6 $2\frac{17}{41}+4\frac{14}{41}$

7 $9\frac{22}{34}+4\frac{11}{34}$

8 $3\frac{11}{17}+4\frac{14}{17}$

9 $1\frac{13}{26}+1\frac{20}{26}$

10 $9\frac{14}{40}+2\frac{22}{40}$

11 $7\frac{17}{41}+1\frac{25}{41}$

12 $6\frac{4}{7}+6\frac{5}{7}$

13 $7\frac{15}{32}+2\frac{20}{32}$

14 $5\frac{9}{30}+2\frac{10}{30}$

15 $4\frac{11}{24}+3\frac{16}{24}$

16 $5\frac{7}{13}+6\frac{4}{13}$

17 $6\frac{18}{20}+1\frac{16}{20}$

18 $8\frac{20}{32}+3\frac{21}{32}$

계산해 보세요.

19 $1\frac{7}{12}+1\frac{6}{12}$

20 $2\frac{26}{40}+3\frac{17}{40}$

21 $2\frac{24}{27}+2\frac{6}{27}$

22 $4\frac{6}{9}+2\frac{2}{9}$

23 $5\frac{17}{39}+1\frac{21}{39}$

24 $6\frac{7}{17}+7\frac{15}{17}$

25 $3\frac{4}{15}+1\frac{1}{15}$

26 $1\frac{21}{31}+5\frac{5}{31}$

27 $1\frac{42}{48}+2\frac{16}{48}$

28 $2\frac{28}{36}+4\frac{16}{36}$

29 $3\frac{27}{41}+2\frac{17}{41}$

30 $4\frac{26}{44}+1\frac{5}{44}$

31 $7\frac{13}{21}+1\frac{22}{21}$

32 $8\frac{9}{16}+2\frac{7}{16}$

33 $2\frac{21}{30}+4\frac{18}{30}$

34 $5\frac{10}{25}+2\frac{6}{25}$

35 $3\frac{17}{23}+4\frac{15}{23}$

36 $9\frac{20}{32}+1\frac{14}{32}$

5일 응용 분모가 같은 대분수의 덧셈

빈 곳에 두 분수의 합을 써넣으세요.

1

$2\frac{3}{4}$	
$5\frac{2}{4}$	

2

$4\frac{6}{9}$	
$2\frac{5}{9}$	

3

$3\frac{6}{7}$	
$1\frac{5}{7}$	

4

$3\frac{6}{16}$	
$3\frac{9}{16}$	

5

$9\frac{8}{15}$	
$4\frac{8}{15}$	

6

$5\frac{17}{40}$	
$3\frac{38}{40}$	

7

$6\frac{13}{22}$	
$1\frac{14}{22}$	

8

$3\frac{13}{33}$	
$3\frac{21}{33}$	

9

$7\frac{25}{50}$	
$4\frac{21}{50}$	

10

$4\frac{10}{25}$	
$3\frac{12}{25}$	

3주

✎ 빈 곳에 알맞은 수를 써넣으세요.

11 → (+) →

$1\frac{3}{8}$	$2\frac{4}{8}$	
$4\frac{3}{10}$	$3\frac{9}{10}$	

12 → (+) →

$5\frac{5}{7}$	$3\frac{4}{7}$	
$6\frac{4}{6}$	$1\frac{3}{6}$	

13 → (+) →

$1\frac{12}{15}$	$7\frac{13}{15}$	
$7\frac{8}{23}$	$3\frac{14}{23}$	

14 → (+) →

$4\frac{6}{14}$	$1\frac{9}{14}$	
$3\frac{25}{30}$	$5\frac{18}{30}$	

15 → (+) →

$2\frac{5}{11}$	$6\frac{3}{11}$	
$2\frac{7}{9}$	$3\frac{4}{9}$	

16 → (+) →

$1\frac{4}{5}$	$5\frac{3}{5}$	
$6\frac{4}{6}$	$6\frac{5}{6}$	

17 → (+) →

$2\frac{11}{17}$	$4\frac{6}{17}$	
$3\frac{9}{29}$	$2\frac{13}{29}$	

18 → (+) →

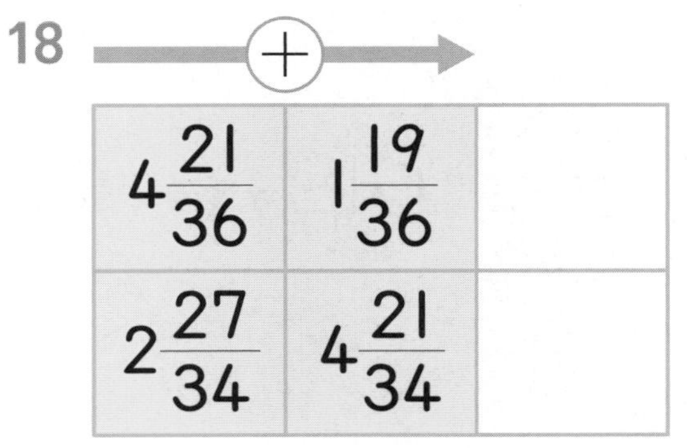

$4\frac{21}{36}$	$1\frac{19}{36}$	
$2\frac{27}{34}$	$4\frac{21}{34}$	

스스로 평가

✎ 재현이 일기의 일부분입니다. 재현이가 친구들과 함께 축구와 농구를 한 시간은 모두 몇 시간인가요?

(축구를 한 시간)+(농구를 한 시간)$=1\frac{1}{5}+\square=\square$(시간)

✎ 정민이는 계산 결과가 더 큰 길을 따라가려고 합니다. 정민이가 도착하는 곳에 ○표 하세요.

분모가 같은 대분수의 뺄셈

민아는 리본 $3\frac{2}{3}$ m를 가지고 있습니다. 머리핀을 만드는 데 리본 $1\frac{1}{3}$ m를 사용했습니다. 머리핀을 만들고 남은 리본은 몇 m인가요?

처음 가지고 있던 리본의 길이에서 사용한 리본의 길이만큼 × 로 지워 보세요.

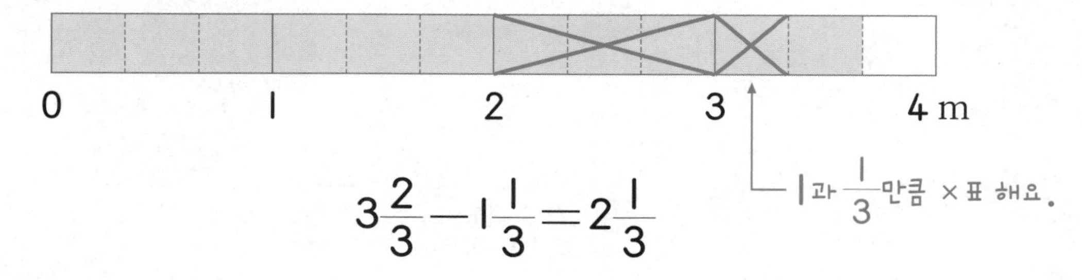

$$3\frac{2}{3}-1\frac{1}{3}=2\frac{1}{3}$$

$3\frac{2}{3}-1\frac{1}{3}=2\frac{1}{3}$이므로 머리핀을 만들고 남은 리본은 $2\frac{1}{3}$ m예요.

일차	1일 학습	2일 학습	3일 학습	4일 학습	5일 학습
공부할 날	월 일	월 일	월 일	월 일	월 일

대분수와 대분수의 뺄셈 $3\frac{3}{4}-2\frac{2}{4}$ 계산하기

방법 1 자연수 부분과 진분수 부분으로 나누어서 계산하기

$$3\frac{3}{4}-2\frac{2}{4}=(3-2)+\left(\frac{3}{4}-\frac{2}{4}\right)=1+\frac{1}{4}=1\frac{1}{4}$$

방법 2 대분수를 가분수로 바꾸어 계산하기

$$3\frac{3}{4}-2\frac{2}{4}=\frac{15}{4}-\frac{10}{4}=\frac{5}{4}=1\frac{1}{4}$$

먼저 분자끼리 뺄 수 있는지 확인한 후 자연수 부분과 분수 부분으로 나누어 계산해요.

(자연수)－(대분수) $3-1\frac{2}{5}$ 계산하기

방법 1 자연수에서 1만큼을 분수로 바꾸어 계산하기

$$3-1\frac{2}{5}=2\frac{5}{5}-1\frac{2}{5}=1\frac{3}{5}$$

방법 2 자연수와 대분수를 가분수로 바꾸어 계산하기

$$3-1\frac{2}{5}=\frac{15}{5}-\frac{7}{5}=\frac{8}{5}=1\frac{3}{5}$$

대분수와 가분수의 뺄셈 $3\frac{1}{5}-\frac{7}{5}$ 계산하기

방법 1 가분수를 대분수로 바꾸어 계산하기

$$3\frac{1}{5}-\frac{7}{5}=3\frac{1}{5}-1\frac{2}{5}=2\frac{6}{5}-1\frac{2}{5}=(2-1)+\left(\frac{6}{5}-\frac{2}{5}\right)$$
$$=1+\frac{4}{5}=1\frac{4}{5}$$

방법 2 대분수를 가분수로 바꾸어 계산하기

$$3\frac{1}{5}-\frac{7}{5}=\frac{16}{5}-\frac{7}{5}=\frac{9}{5}=1\frac{4}{5}$$

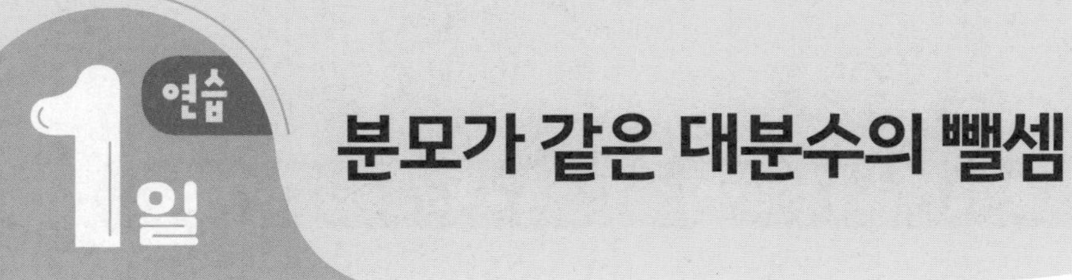

분모가 같은 대분수의 뺄셈

계산해 보세요.

1 $3\frac{4}{5}-2\frac{2}{5}$

2 $4\frac{7}{9}-\frac{11}{9}$

3 $2\frac{4}{11}-\frac{12}{11}$

4 $3-2\frac{7}{15}$

5 $4-1\frac{13}{20}$

6 $3\frac{4}{17}-\frac{20}{17}$

7 $2\frac{9}{40}-\frac{47}{40}$

8 $5-2\frac{3}{14}$

9 $4\frac{1}{6}-2\frac{5}{6}$

10 $8-4\frac{12}{26}$

11 $6\frac{13}{15}-\frac{37}{15}$

12 $7-4\frac{6}{16}$

13 $5-3\frac{13}{18}$

14 $6\frac{8}{9}-\frac{22}{9}$

15 $7-2\frac{2}{11}$

16 $8\frac{14}{16}-\frac{20}{16}$

17 $6-2\frac{13}{15}$

18 $3\frac{17}{25}-\frac{53}{25}$

계산해 보세요.

19 $5\frac{5}{11}-2\frac{3}{11}$

20 $7\frac{20}{25}-3\frac{12}{25}$

21 $4\frac{13}{32}-2\frac{14}{32}$

22 $3\frac{16}{20}-1\frac{17}{20}$

23 $2\frac{7}{11}-1\frac{3}{11}$

24 $4\frac{1}{6}-2\frac{5}{6}$

25 $6\frac{5}{14}-3\frac{6}{14}$

26 $8\frac{2}{5}-4\frac{3}{5}$

27 $3\frac{8}{9}-2\frac{3}{9}$

28 $3\frac{1}{38}-2\frac{3}{38}$

29 $5\frac{40}{41}-3\frac{27}{41}$

30 $7\frac{21}{30}-1\frac{24}{30}$

31 $4\frac{6}{10}-2\frac{8}{10}$

32 $9\frac{12}{23}-6\frac{21}{23}$

33 $5\frac{7}{19}-3\frac{13}{19}$

34 $6\frac{25}{30}-2\frac{9}{30}$

35 $7\frac{15}{20}-1\frac{16}{20}$

36 $4\frac{5}{18}-2\frac{10}{18}$

분모가 같은 대분수의 뺄셈

계산해 보세요.

1 $2\frac{27}{30}-2\frac{19}{30}$

2 $3\frac{16}{27}-1\frac{17}{27}$

3 $4\frac{22}{25}-3\frac{17}{25}$

4 $5\frac{11}{15}-\frac{43}{15}$

5 $8\frac{2}{5}-3\frac{3}{5}$

6 $3-1\frac{10}{14}$

7 $2\frac{5}{16}-\frac{19}{16}$

8 $6\frac{34}{40}-3\frac{28}{40}$

9 $5-1\frac{9}{16}$

10 $4\frac{2}{23}-2\frac{15}{23}$

11 $7\frac{2}{6}-6\frac{4}{6}$

12 $8\frac{9}{20}-\frac{51}{20}$

13 $5\frac{11}{19}-3\frac{15}{19}$

14 $6\frac{5}{11}-3\frac{6}{11}$

15 $3\frac{4}{24}-\frac{39}{24}$

16 $9\frac{8}{10}-7\frac{2}{10}$

17 $6-2\frac{10}{21}$

18 $8\frac{11}{28}-5\frac{12}{28}$

계산해 보세요.

19 $4\frac{4}{15}-2\frac{1}{15}$

20 $2\frac{14}{29}-1\frac{5}{29}$

21 $5-1\frac{3}{16}$

22 $6\frac{2}{7}-\frac{26}{7}$

23 $3\frac{13}{17}-\frac{35}{17}$

24 $7\frac{16}{30}-3\frac{18}{30}$

25 $2\frac{5}{22}-\frac{27}{22}$

26 $3\frac{1}{7}-2\frac{3}{7}$

27 $6\frac{1}{9}-\frac{52}{9}$

28 $5\frac{5}{17}-3\frac{6}{17}$

29 $8\frac{20}{24}-4\frac{15}{24}$

30 $5-1\frac{4}{21}$

31 $4\frac{11}{20}-3\frac{13}{20}$

32 $7\frac{12}{18}-1\frac{17}{18}$

33 $4\frac{11}{15}-\frac{19}{15}$

34 $9-2\frac{10}{12}$

35 $5\frac{8}{13}-2\frac{12}{13}$

36 $3\frac{5}{9}-\frac{13}{9}$

스스로 평가

분모가 같은 대분수의 뺄셈

계산해 보세요.

1 $4\frac{3}{4}-1\frac{1}{4}$

2 $2\frac{21}{25}-\frac{28}{25}$

3 $7\frac{5}{14}-5\frac{7}{14}$

4 $5-1\frac{11}{13}$

5 $8\frac{8}{17}-\frac{26}{17}$

6 $9\frac{6}{7}-\frac{23}{7}$

7 $6\frac{17}{22}-1\frac{6}{22}$

8 $3\frac{31}{40}-2\frac{20}{40}$

9 $8\frac{8}{14}-4\frac{9}{14}$

10 $9-5\frac{13}{20}$

11 $5\frac{8}{22}-2\frac{21}{22}$

12 $8-6\frac{6}{7}$

13 $8-3\frac{12}{16}$

14 $3-1\frac{21}{34}$

15 $4\frac{7}{12}-\frac{41}{12}$

16 $7\frac{5}{19}-2\frac{8}{19}$

17 $9\frac{20}{31}-7\frac{10}{31}$

18 $4\frac{13}{27}-\frac{69}{27}$

계산해 보세요.

19 $4\frac{5}{14}-\frac{31}{14}$

20 $7\frac{2}{16}-3\frac{4}{16}$

21 $6\frac{34}{40}-2\frac{21}{40}$

22 $3\frac{25}{26}-2\frac{11}{26}$

23 $9-1\frac{3}{28}$

24 $5\frac{5}{18}-\frac{26}{18}$

25 $6\frac{1}{7}-4\frac{4}{7}$

26 $5\frac{2}{22}-\frac{29}{22}$

27 $7\frac{8}{15}-4\frac{12}{15}$

28 $3\frac{11}{16}-\frac{29}{16}$

29 $6-2\frac{14}{17}$

30 $4-\frac{29}{25}$

31 $8-3\frac{9}{20}$

32 $9\frac{3}{20}-8\frac{15}{20}$

33 $3\frac{17}{25}-\frac{48}{25}$

34 $4\frac{18}{30}-1\frac{15}{30}$

35 $7\frac{6}{29}-2\frac{27}{29}$

36 $5\frac{15}{16}-\frac{45}{16}$

스스로 평가

분모가 같은 대분수의 뺄셈

계산해 보세요.

1 $4\frac{3}{4}-2\frac{1}{4}$

2 $2\frac{3}{8}-\frac{9}{8}$

3 $4\frac{3}{17}-2\frac{9}{17}$

4 $2\frac{4}{23}-\frac{30}{23}$

5 $5-2\frac{12}{20}$

6 $4\frac{17}{26}-3\frac{10}{26}$

7 $5\frac{27}{37}-3\frac{8}{37}$

8 $7\frac{10}{15}-\frac{42}{15}$

9 $6\frac{1}{34}-3\frac{11}{34}$

10 $8\frac{5}{30}-7\frac{21}{30}$

11 $3\frac{2}{13}-\frac{22}{13}$

12 $3-2\frac{2}{9}$

13 $9\frac{25}{35}-3\frac{32}{35}$

14 $5-2\frac{3}{15}$

15 $5\frac{7}{19}-1\frac{13}{19}$

16 $6\frac{5}{12}-4\frac{11}{12}$

17 $4\frac{6}{21}-3\frac{12}{21}$

18 $5\frac{4}{20}-\frac{38}{20}$

 계산해 보세요.

19 $3\frac{13}{15}-\frac{19}{15}$

20 $4\frac{22}{31}-2\frac{14}{31}$

21 $2\frac{6}{14}-1\frac{11}{14}$

22 $7-3\frac{12}{29}$

23 $8\frac{2}{27}-2\frac{6}{27}$

24 $6\frac{2}{23}-\frac{27}{23}$

25 $3\frac{11}{33}-2\frac{19}{33}$

26 $3\frac{3}{7}-\frac{11}{7}$

27 $5\frac{6}{9}-3\frac{7}{9}$

28 $4\frac{1}{16}-2\frac{6}{16}$

29 $4-2\frac{3}{7}$

30 $7\frac{11}{29}-\frac{41}{29}$

31 $5\frac{23}{25}-3\frac{11}{25}$

32 $2-1\frac{3}{13}$

33 $6\frac{17}{18}-\frac{55}{18}$

34 $9\frac{5}{29}-3\frac{26}{29}$

35 $7\frac{3}{20}-5\frac{9}{20}$

36 $8\frac{8}{25}-2\frac{14}{25}$

5일 응용

분모가 같은 대분수의 뺄셈

빈 곳에 알맞은 수를 써넣으세요.

1 5 | $-1\frac{3}{6}$ | □

2 4 | $-3\frac{5}{6}$ | □

3 $6\frac{4}{7}$ | $-2\frac{5}{7}$ | □

4 $4\frac{2}{8}$ | $-2\frac{1}{8}$ | □

5 $3\frac{4}{13}$ | $-2\frac{1}{13}$ | □

6 $7\frac{12}{15}$ | $-\frac{41}{15}$ | □

7 $4\frac{2}{11}$ | $-1\frac{10}{11}$ | □

8 $7\frac{2}{9}$ | $-\frac{26}{9}$ | □

9 $3\frac{15}{16}$ | $-2\frac{12}{16}$ | □

10 $4\frac{3}{40}$ | $-3\frac{14}{40}$ | □

11 $4\frac{4}{8}$ | $-2\frac{7}{8}$ | □

12 $2\frac{1}{30}$ | $-\frac{51}{30}$ | □

빈 곳에 알맞은 수를 써넣으세요.

13

− →		
$8\frac{8}{15}$	$2\frac{7}{15}$	
$5\frac{10}{15}$	$2\frac{3}{15}$	

14

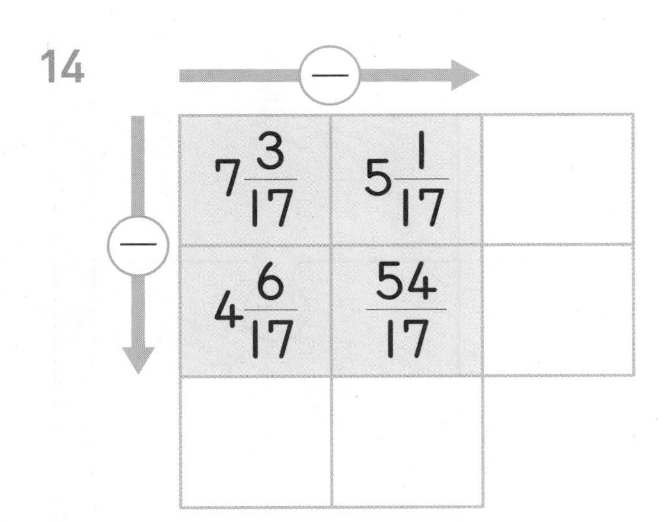

15

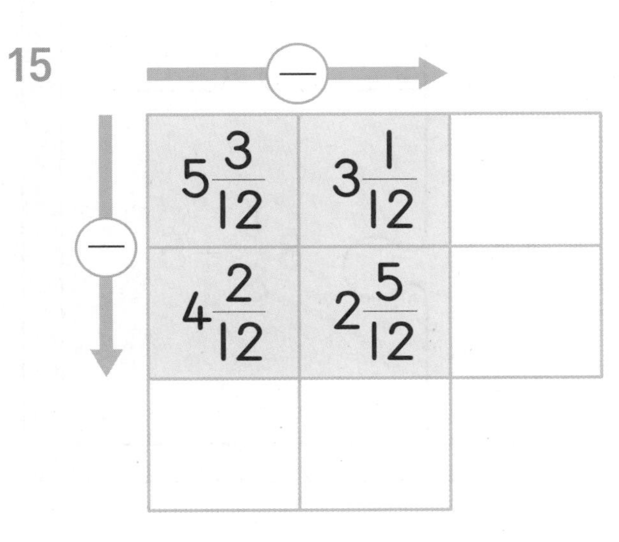

16

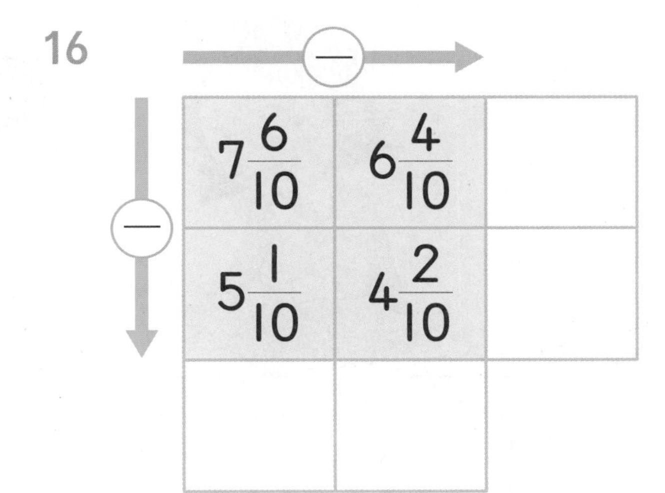

17

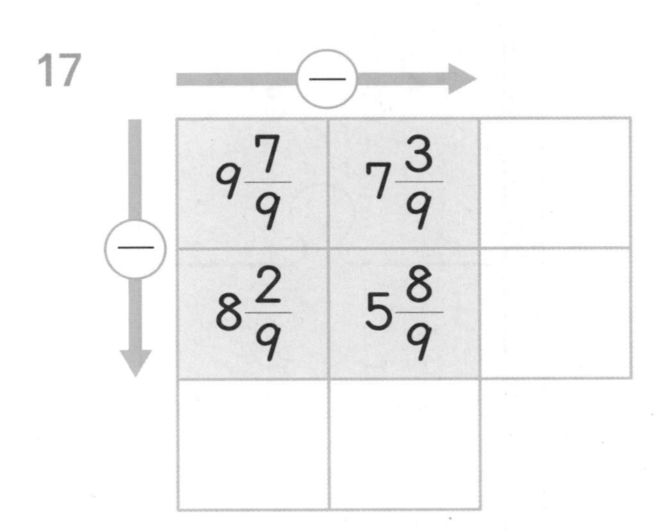

18

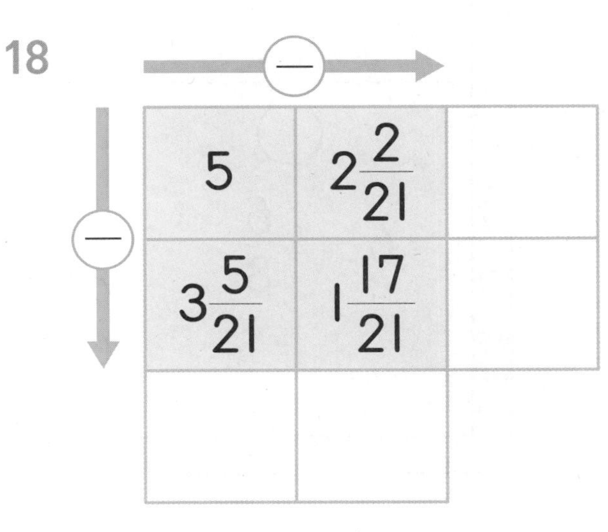

계산 결과가 $2\frac{2}{8}$인 퍼즐 조각에 ○표 하세요.

✎ 풍선에 쓰여 있는 두 분수의 차가 가장 작은 사람은 누구인가요?

두 분수의 차가 가장 작은 사람은 [ ] 입니다.

분모가 같은 분수의 덧셈과 뺄셈

승현이는 사과 $4\frac{3}{4}$개로 사과잼을 만들고, $1\frac{1}{4}$개로 사과 주스를 만들었습니다. 승현이가 사과잼과 사과 주스를 만드는 데 사용한 사과는 모두 몇 개인가요?

사과잼과 사과 주스를 만드는 데 사용한 사과의 양을 그림으로 나타내어 봅니다.

사과잼

사과 주스

$$4\frac{3}{4}+1\frac{1}{4}=6$$

사과잼과 사과 주스를 만드는 데 사용한 사과는 모두 6개예요.

일차	1일 학습	2일 학습	3일 학습	4일 학습	5일 학습
공부할 날	월 일	월 일	월 일	월 일	월 일

대분수의 덧셈

• $3\frac{5}{6}+1\frac{5}{6}$ 계산하기

방법 1 자연수와 분수 부분으로 나누어 계산하기

$$3\frac{5}{6}+1\frac{5}{6}=(3+1)+\left(\frac{5}{6}+\frac{5}{6}\right)=4+\frac{10}{6}=4+1\frac{4}{6}=5\frac{4}{6}$$

방법 2 대분수를 가분수로 바꾸어 계산하기

$$3\frac{5}{6}+1\frac{5}{6}=\frac{23}{6}+\frac{11}{6}=\frac{34}{6}=5\frac{4}{6}$$

대분수의 뺄셈

• $3\frac{2}{7}-1\frac{5}{7}$ 계산하기

방법 1 자연수에서 1만큼을 분수로 바꾸어 계산하기

$$3\frac{2}{7}-1\frac{5}{7}=2\frac{9}{7}-1\frac{5}{7}=(2-1)+\left(\frac{9}{7}-\frac{5}{7}\right)=1+\frac{4}{7}=1\frac{4}{7}$$

방법 2 대분수를 가분수로 바꾸어 계산하기

$$3\frac{2}{7}-1\frac{5}{7}=\frac{23}{7}-\frac{12}{7}=\frac{11}{7}=1\frac{4}{7}$$

개념 쏙쏙 노트

• 대분수의 덧셈

$$●\frac{■}{▲}+◆\frac{★}{▲}=(●+◆)+\left(\frac{■}{▲}+\frac{★}{▲}\right)$$

• 대분수의 뺄셈

$$●\frac{■}{▲}-◆\frac{★}{▲}=(●-◆)+\left(\frac{■}{▲}-\frac{★}{▲}\right)$$

분모가 같은 분수의 덧셈과 뺄셈

계산해 보세요.

1 $\frac{3}{5}+\frac{4}{5}$

2 $\frac{11}{19}+\frac{6}{19}$

3 $3\frac{6}{11}+2\frac{7}{11}$

4 $2\frac{15}{20}+3\frac{16}{20}$

5 $3\frac{7}{15}+7\frac{8}{15}$

6 $\frac{3}{9}+\frac{4}{9}$

7 $\frac{20}{23}+\frac{14}{23}$

8 $1\frac{5}{34}+2\frac{7}{34}$

9 $3\frac{1}{4}+\frac{26}{4}$

10 $4\frac{12}{17}+\frac{7}{17}$

11 $9\frac{15}{21}+3\frac{3}{21}$

12 $2\frac{13}{20}+5\frac{19}{20}$

13 $\frac{4}{26}+\frac{7}{26}$

14 $6\frac{5}{7}+6\frac{1}{7}$

15 $\frac{16}{31}+\frac{21}{31}$

16 $\frac{3}{7}+1\frac{2}{7}$

17 $4\frac{5}{30}+3\frac{11}{30}$

18 $3\frac{12}{15}+6\frac{8}{15}$

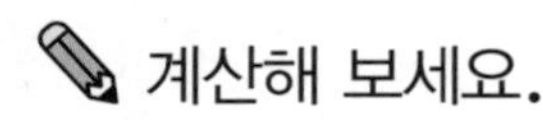

계산해 보세요.

19 $3\frac{2}{17}-\frac{5}{17}$

20 $2\frac{3}{19}-1\frac{8}{19}$

21 $8\frac{7}{16}-4\frac{8}{16}$

22 $1-\frac{6}{11}$

23 $3\frac{13}{21}-1\frac{7}{21}$

24 $\frac{22}{25}-\frac{13}{25}$

25 $\frac{11}{24}-\frac{5}{24}$

26 $\frac{17}{26}-\frac{10}{26}$

27 $5\frac{2}{3}-\frac{13}{3}$

28 $3\frac{6}{23}-\frac{32}{23}$

29 $11\frac{4}{12}-7\frac{9}{12}$

30 $\frac{9}{18}-\frac{6}{18}$

31 $7-1\frac{9}{24}$

32 $8\frac{5}{8}-4\frac{7}{8}$

33 $\frac{7}{15}-\frac{3}{15}$

34 $5\frac{16}{20}-2\frac{4}{20}$

35 $4\frac{1}{7}-\frac{4}{7}$

36 $9\frac{15}{22}-7\frac{6}{22}$

2일 반복 분모가 같은 분수의 덧셈과 뺄셈

계산해 보세요.

1 $\frac{1}{8}+\frac{4}{8}$

2 $\frac{16}{20}+\frac{3}{20}$

3 $4\frac{7}{12}+5\frac{6}{12}$

4 $\frac{13}{25}+\frac{20}{25}$

5 $\frac{3}{7}+\frac{11}{7}$

6 $\frac{15}{37}+\frac{23}{37}$

7 $\frac{7}{27}+\frac{11}{27}$

8 $3\frac{11}{38}+5\frac{30}{38}$

9 $3\frac{2}{16}+4\frac{8}{16}$

10 $\frac{6}{4}+3\frac{3}{4}$

11 $2\frac{16}{32}+3\frac{17}{32}$

12 $4\frac{5}{28}+6\frac{9}{28}$

13 $4\frac{5}{21}+6\frac{11}{21}$

14 $3\frac{10}{11}+\frac{24}{11}$

15 $\frac{18}{19}+\frac{5}{19}$

16 $\frac{11}{29}+\frac{6}{29}$

17 $2\frac{4}{8}+3\frac{5}{8}$

18 $\frac{13}{15}+\frac{12}{15}$

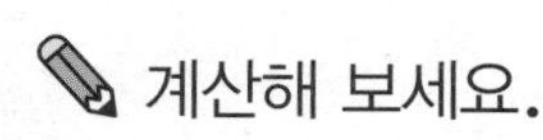

계산해 보세요.

19 $1\frac{1}{5}-\frac{4}{5}$

20 $\frac{7}{16}-\frac{2}{16}$

21 $1-\frac{6}{13}$

22 $5\frac{3}{17}-2\frac{14}{17}$

23 $7\frac{3}{9}-\frac{15}{9}$

24 $2\frac{5}{18}-\frac{5}{18}$

25 $8-3\frac{7}{12}$

26 $3\frac{7}{22}-1\frac{14}{22}$

27 $\frac{18}{21}-\frac{2}{21}$

28 $4\frac{3}{6}-3\frac{4}{6}$

29 $3\frac{6}{25}-\frac{27}{25}$

30 $6-2\frac{6}{15}$

31 $3\frac{7}{14}-1\frac{10}{14}$

32 $1\frac{9}{24}-\frac{15}{24}$

33 $16\frac{7}{10}-10\frac{8}{10}$

34 $9\frac{20}{23}-2\frac{6}{23}$

35 $\frac{7}{26}-\frac{1}{26}$

36 $3\frac{6}{20}-\frac{27}{20}$

분모가 같은 분수의 덧셈과 뺄셈

계산해 보세요.

1 $\frac{9}{11}+\frac{4}{11}$

2 $3\frac{5}{22}+6\frac{11}{22}$

3 $\frac{5}{40}+\frac{7}{40}$

4 $2\frac{13}{30}+4\frac{26}{30}$

5 $\frac{9}{28}+\frac{13}{28}$

6 $2\frac{7}{16}+3\frac{5}{16}$

7 $4\frac{16}{23}+4\frac{20}{23}$

8 $3\frac{9}{10}+2\frac{8}{10}$

9 $5\frac{24}{32}+4\frac{11}{32}$

10 $\frac{9}{13}+\frac{4}{13}$

11 $\frac{6}{20}+\frac{15}{20}$

12 $6\frac{12}{18}+\frac{32}{18}$

13 $6\frac{7}{32}+2\frac{24}{32}$

14 $1\frac{22}{27}+7\frac{8}{27}$

15 $\frac{15}{42}+\frac{3}{42}$

16 $2\frac{21}{33}+\frac{16}{33}$

17 $3\frac{10}{24}+5\frac{15}{24}$

18 $\frac{15}{17}+\frac{16}{17}$

계산해 보세요.

19 $2\frac{2}{9}-\frac{2}{9}$

20 $1-\frac{2}{7}$

21 $3\frac{1}{10}-1\frac{9}{10}$

22 $8\frac{11}{14}-3\frac{12}{14}$

23 $\frac{7}{11}-\frac{4}{11}$

24 $3\frac{2}{16}-\frac{36}{16}$

25 $2\frac{3}{19}-1\frac{2}{19}$

26 $\frac{5}{15}-\frac{3}{15}$

27 $4\frac{9}{18}-\frac{11}{18}$

28 $9\frac{13}{15}-\frac{32}{15}$

29 $6\frac{1}{20}-1\frac{19}{20}$

30 $8-2\frac{7}{22}$

31 $\frac{8}{12}-\frac{3}{12}$

32 $7-6\frac{15}{17}$

33 $3\frac{5}{13}-1\frac{9}{13}$

34 $6\frac{6}{27}-2\frac{7}{27}$

35 $7\frac{15}{21}-3\frac{8}{21}$

36 $2\frac{1}{12}-\frac{5}{12}$

분모가 같은 분수의 덧셈과 뺄셈

계산해 보세요.

1 $3\frac{10}{41}+6\frac{26}{41}$

2 $\frac{7}{13}+\frac{4}{13}$

3 $\frac{16}{30}+\frac{19}{30}$

4 $\frac{26}{40}+\frac{39}{40}$

5 $3\frac{5}{6}+2\frac{3}{6}$

6 $\frac{6}{9}+\frac{1}{9}$

7 $3\frac{15}{18}+2\frac{16}{18}$

8 $\frac{16}{32}+\frac{30}{32}$

9 $\frac{12}{15}+\frac{11}{15}$

10 $7\frac{4}{10}+3\frac{2}{10}$

11 $2\frac{11}{36}+3\frac{7}{36}$

12 $\frac{5}{22}+\frac{16}{22}$

13 $3\frac{15}{34}+2\frac{20}{34}$

14 $5\frac{7}{17}+\frac{25}{17}$

15 $2\frac{17}{31}+\frac{15}{31}$

16 $3\frac{1}{14}+6\frac{7}{14}$

17 $4\frac{11}{26}+4\frac{20}{26}$

18 $\frac{16}{33}+\frac{20}{33}$

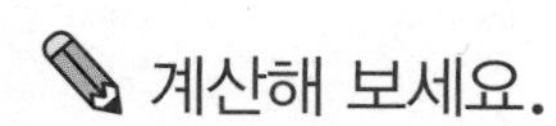

계산해 보세요.

19 $1-\frac{4}{6}$

20 $6\frac{5}{11}-3\frac{2}{11}$

21 $3\frac{2}{9}-\frac{15}{9}$

22 $\frac{7}{10}-\frac{3}{10}$

23 $2\frac{3}{15}-1\frac{9}{15}$

24 $\frac{16}{19}-\frac{13}{19}$

25 $3\frac{5}{21}-2\frac{6}{21}$

26 $8-3\frac{8}{14}$

27 $\frac{6}{20}-\frac{3}{20}$

28 $2\frac{3}{8}-1\frac{7}{8}$

29 $8\frac{7}{22}-\frac{31}{22}$

30 $6\frac{3}{16}-\frac{9}{16}$

31 $3\frac{8}{17}-\frac{25}{17}$

32 $7-1\frac{15}{24}$

33 $\frac{5}{12}-\frac{3}{12}$

34 $6\frac{7}{23}-4\frac{15}{23}$

35 $\frac{3}{7}-\frac{1}{7}$

36 $1\frac{7}{13}-\frac{5}{13}$

분모가 같은 분수의 덧셈과 뺄셈

빈 곳에 알맞은 수를 써넣으세요.

1

$\frac{2}{9}$	$+\frac{3}{9}$	

2

$\frac{3}{7}$	$+\frac{9}{7}$	

3

$1\frac{2}{11}$	$+2\frac{3}{11}$	

4

$3\frac{11}{15}$	$+4\frac{2}{15}$	

5

$\frac{9}{18}$	$+\frac{9}{18}$	

6

$1\frac{19}{26}$	$+2\frac{12}{26}$	

7

$\frac{3}{20}$	$+\frac{8}{20}$	

8

$1\frac{9}{17}$	$+1\frac{11}{17}$	

9

$\frac{4}{9}$	$+1\frac{7}{9}$	

10

$4\frac{7}{13}$	$+\frac{15}{13}$	

5주

빈 곳에 두 수의 차를 써넣으세요.

11 $\frac{7}{10}$ $\frac{4}{10}$ → □

12 $4\frac{7}{13}$ $\frac{16}{13}$ → □

13 4 $2\frac{5}{16}$ → □

14 $8\frac{2}{18}$ $4\frac{5}{18}$ → □

15

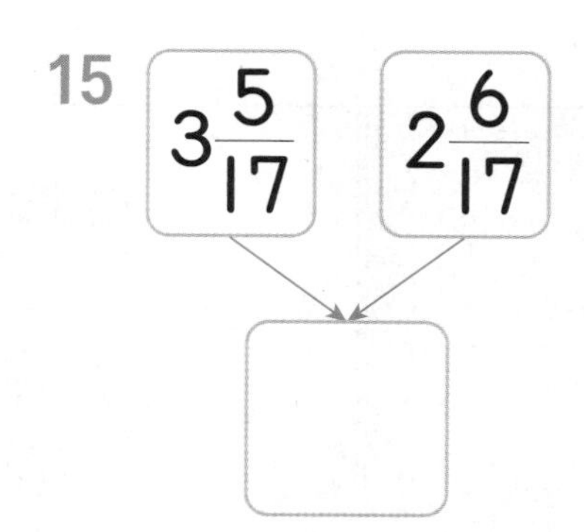

16

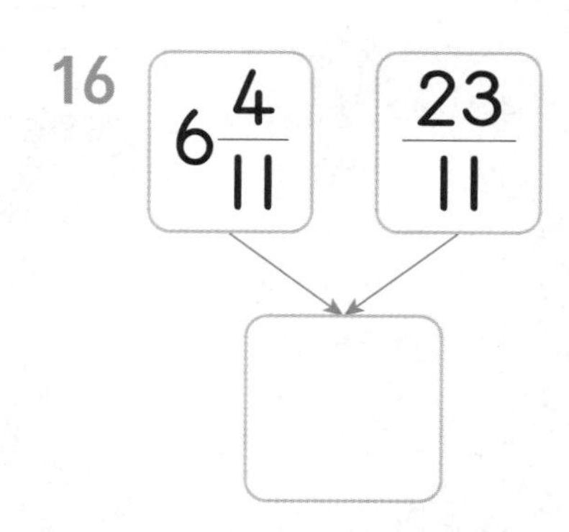

17

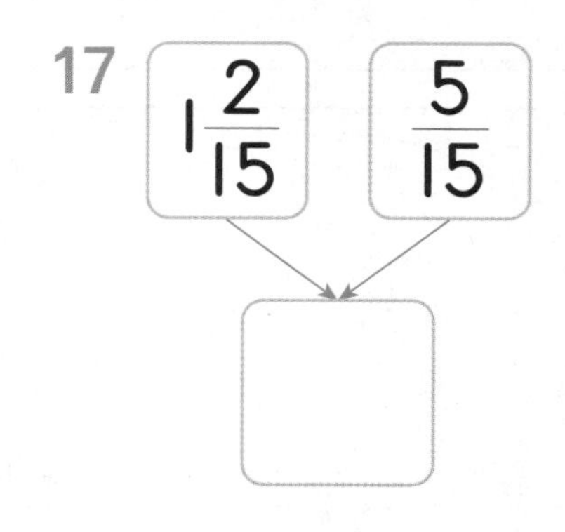

18

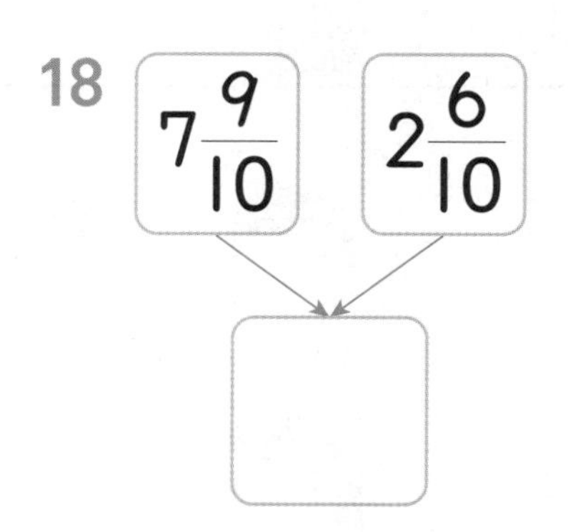

스스로 평가

5주 생각 수학

✎ 찰흙을 재준이는 $1\frac{3}{5}$ kg, 수정이는 $2\frac{3}{5}$ kg 가지고 있습니다. 다음 대화를 보고, 수정이와 재준이의 찰흙은 각각 몇 kg이 되었는지 구해 보세요.

(재준) : $1\frac{3}{5} + \square = \square$ (kg)

(수정) : $2\frac{3}{5} - \square = \square$ (kg)

✎ 분수의 덧셈과 뺄셈이 적혀 있는 식에 잉크가 묻어 일부가 보이지 않습니다. 잉크에 가려진 부분에 알맞은 분수를 구해 보세요.

자릿수가 같은 소수의 덧셈

✔ **소현이와 예준이가 제자리멀리뛰기 경기를 하였습니다. 소현이는 0.7 m를 뛰었고, 예준이는 소현이보다 0.4m 더 멀리 뛰었습니다. 예준이가 뛴 거리는 몇 m인가요?**

소현이가 뛴 거리에 0.4 m를 더하면 예준이가 뛴 거리를 알 수 있습니다.
예준이가 뛴 거리를 수직선에 나타내어 봅니다.

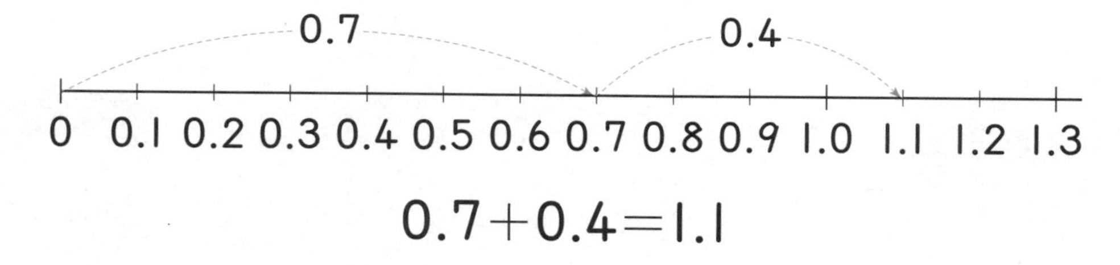

0.7+0.4=1.1이므로 예준이가 뛴 거리는 1.1m예요.

일차	1일 학습	2일 학습	3일 학습	4일 학습	5일 학습
공부할 날	월 일	월 일	월 일	월 일	월 일

소수 한 자리 수의 덧셈

• 0.7＋1.5 계산하기

방법 1 0.1이 몇 개인지 이용하여 계산하기

0.7은 0.1이 7개 1.5는 0.1이 15개입니다.

➡ 0.7＋1.5는 0.1이 22개이므로 2.2입니다.

방법 2 세로로 계산하기

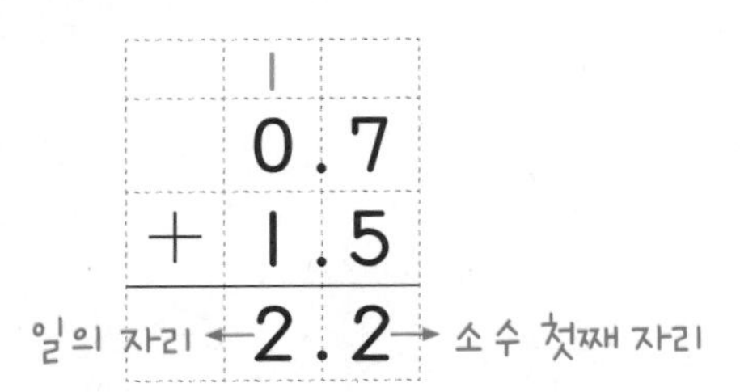

소수점끼리 맞추어 세로로 쓰고 같은 자리 수끼리 더해요.

소수 두 자리 수의 덧셈

• 0.45＋0.28 계산하기

소수점끼리 맞추어 세로로 쓴 다음 같은 자리 수끼리 더해요.

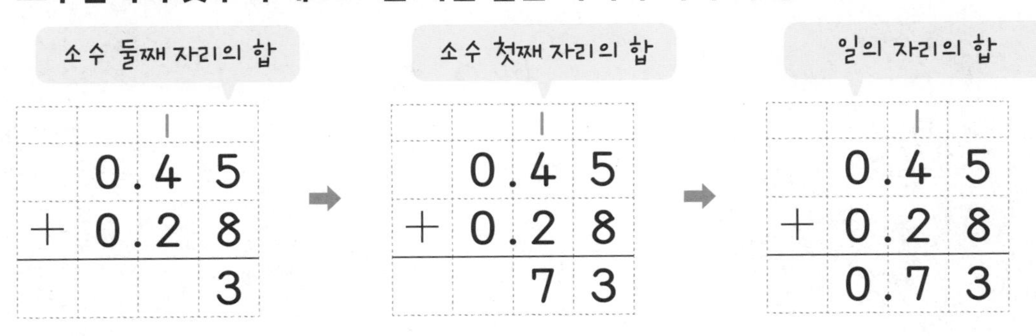

개념 쏙쏙 노트

• 자릿수가 같은 소수의 덧셈

$$\begin{array}{r} 0.71 \\ +\,0.68 \\ \hline 9 \end{array} \Rightarrow \begin{array}{r} \overset{1}{0}.71 \\ +\,0.68 \\ \hline 39 \end{array} \Rightarrow \begin{array}{r} \overset{1}{0}.71 \\ +\,0.68 \\ \hline 1.39 \end{array}$$

각 자리 수끼리의 합이 10이거나 10보다 크면 바로 윗자리로 1을 받아올림합니다.

자릿수가 같은 소수의 덧셈

계산해 보세요.

1 $\begin{array}{r} 0.2 \\ +\ 0.9 \\ \hline \end{array}$

2 $\begin{array}{r} 0.4 \\ +\ 0.8 \\ \hline \end{array}$

3 $\begin{array}{r} 0.6 \\ +\ 0.7 \\ \hline \end{array}$

4 $\begin{array}{r} 0.6 \\ +\ 2.7 \\ \hline \end{array}$

5 $\begin{array}{r} 3.6 \\ +\ 2.6 \\ \hline \end{array}$

6 $\begin{array}{r} 4.1 \\ +\ 6.7 \\ \hline \end{array}$

7 $\begin{array}{r} 12.5 \\ +\ 26.6 \\ \hline \end{array}$

8 $\begin{array}{r} 1.65 \\ +\ 1.85 \\ \hline \end{array}$

9 $\begin{array}{r} 17.8 \\ +\ 23.5 \\ \hline \end{array}$

10 $\begin{array}{r} 19.8 \\ +\ 2.6 \\ \hline \end{array}$

11 $\begin{array}{r} 7.3 \\ +\ 26.1 \\ \hline \end{array}$

12 $\begin{array}{r} 2.04 \\ +\ 4.73 \\ \hline \end{array}$

13 $\begin{array}{r} 22.1 \\ +\ 0.9 \\ \hline \end{array}$

14 $\begin{array}{r} 4.06 \\ +\ 6.57 \\ \hline \end{array}$

15 $\begin{array}{r} 1.8 \\ +\ 28.4 \\ \hline \end{array}$

16 $\begin{array}{r} 3.52 \\ +\ 1.75 \\ \hline \end{array}$

17 $\begin{array}{r} 0.27 \\ +\ 0.64 \\ \hline \end{array}$

18 $\begin{array}{r} 0.41 \\ +\ 7.92 \\ \hline \end{array}$

계산해 보세요.

19 $0.4 + 0.9$

25 $0.5 + 0.2$

31 $0.6 + 0.7$

20 $4.4 + 5.5$

26 $8.7 + 4.2$

32 $9.9 + 2.3$

21 $21.4 + 4.7$

27 $11.5 + 45.2$

33 $12.7 + 28.6$

22 $1.3 + 34.8$

28 $25.4 + 16.7$

34 $25.3 + 3.4$

23 $0.35 + 0.79$

29 $0.36 + 0.47$

35 $0.75 + 0.35$

24 $2.18 + 3.51$

30 $5.14 + 6.41$

36 $4.67 + 7.05$

스스로 평가

2일 반복 자릿수가 같은 소수의 덧셈

계산해 보세요.

1. $\begin{array}{r} 0.1 \\ +\ 0.7 \\ \hline \end{array}$

2. $\begin{array}{r} 0.5 \\ +\ 0.6 \\ \hline \end{array}$

3. $\begin{array}{r} 0.8 \\ +\ 0.3 \\ \hline \end{array}$

4. $\begin{array}{r} 3.5 \\ +\ 6.6 \\ \hline \end{array}$

5. $\begin{array}{r} 5.3 \\ +\ 2.8 \\ \hline \end{array}$

6. $\begin{array}{r} 5.4 \\ +\ 6.6 \\ \hline \end{array}$

7. $\begin{array}{r} 9.6 \\ +\ 7.5 \\ \hline \end{array}$

8. $\begin{array}{r} 11.2 \\ +\ 30.9 \\ \hline \end{array}$

9. $\begin{array}{r} 24.3 \\ +\ 9.8 \\ \hline \end{array}$

10. $\begin{array}{r} 8.3 \\ +\ 11.9 \\ \hline \end{array}$

11. $\begin{array}{r} 24.2 \\ +\ 25.7 \\ \hline \end{array}$

12. $\begin{array}{r} 18.2 \\ +\ 7.9 \\ \hline \end{array}$

13. $\begin{array}{r} 0.23 \\ +\ 0.18 \\ \hline \end{array}$

14. $\begin{array}{r} 1.34 \\ +\ 0.96 \\ \hline \end{array}$

15. $\begin{array}{r} 0.63 \\ +\ 0.51 \\ \hline \end{array}$

16. $\begin{array}{r} 4.32 \\ +\ 1.28 \\ \hline \end{array}$

17. $\begin{array}{r} 3.74 \\ +\ 9.34 \\ \hline \end{array}$

18. $\begin{array}{r} 5.21 \\ +\ 4.11 \\ \hline \end{array}$

계산해 보세요.

19 $0.2 + 0.5$

20 $1.9 + 2.2$

21 $4.8 + 3.3$

22 $22.3 + 7.8$

23 $0.28 + 0.11$

24 $2.13 + 1.67$

25 $9.5 + 2.7$

26 $4.5 + 3.2$

27 $5.6 + 4.6$

28 $5.5 + 13.4$

29 $3.56 + 0.14$

30 $6.14 + 1.97$

31 $0.5 + 0.9$

32 $4.5 + 3.7$

33 $7.3 + 2.8$

34 $15.3 + 14.6$

35 $0.68 + 0.34$

36 $9.12 + 1.07$

스스로 평가

3일 반복 자릿수가 같은 소수의 덧셈

 계산해 보세요.

1 $0.9+0.2$

2 $29.1+10.1$

3 $5.6+3.7$

4 $2.8+4.6$

5 $0.13+0.83$

6 $0.27+0.53$

7 $0.3+0.5$

8 $1.57+2.43$

9 $0.33+0.68$

10 $16.1+9.4$

11 $7.1+8.2$

12 $20.3+9.2$

13 $13.6+4.6$

14 $3.19+1.27$

15 $6.2+1.7$

계산해 보세요.

16 $0.8+0.6$

17 $0.45+0.38$

18 $5.7+3.8$

19 $18.3+20.9$

20 $7.4+3.4$

21 $0.2+0.4$

22 $0.12+0.51$

23 $6.3+14.8$

24 $14.5+7.5$

25 $10.5+28.7$

26 $24.3+0.9$

27 $16.6+24.5$

28 $0.28+0.71$

29 $9.1+10.9$

30 $0.23+0.46$

31 $3.12+6.81$

32 $4.5+6.1$

33 $17.2+11.3$

34 $0.57+0.25$

35 $2.6+3.1$

36 $11.9+21.3$

스스로 평가

자릿수가 같은 소수의 덧셈

 계산해 보세요.

1 $3.2+0.9$

2 $0.45+0.62$

3 $1.7+3.8$

4 $3.8+2.9$

5 $0.12+0.56$

6 $0.4+0.3$

7 $1.39+5.73$

8 $7.1+22.8$

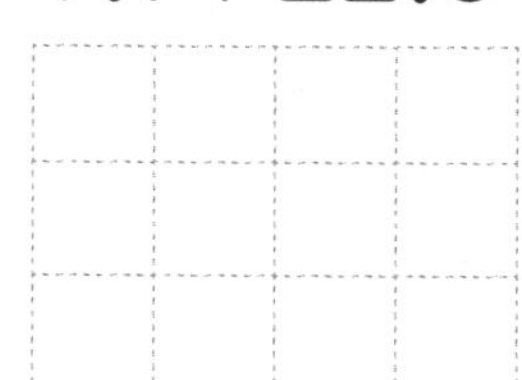

9 $16.7+2.5$

10 $33.6+1.2$

11 $0.7+0.6$

12 $23.9+11.4$

13 $0.58+0.83$

14 $5.8+8.3$

15 $26.4+18.8$

계산해 보세요.

16 $0.7+0.5$

17 $3.45+0.21$

18 $5.1+11.9$

19 $5.6+2.8$

20 $3.41+6.49$

21 $7.4+8.9$

22 $1.62+2.88$

23 $6.7+5.1$

24 $0.62+0.68$

25 $15.5+9.8$

26 $0.2+0.9$

27 $6.9+4.2$

28 $3.4+23.1$

29 $0.38+0.83$

30 $20.9+17.8$

31 $2.14+3.16$

32 $1.2+3.6$

33 $1.19+0.63$

34 $11.2+9.8$

35 $3.45+2.12$

36 $6.42+3.97$

스스로 평가

5일 응용

자릿수가 같은 소수의 덧셈

✎ 빈 곳에 알맞은 수를 써넣으세요.

1

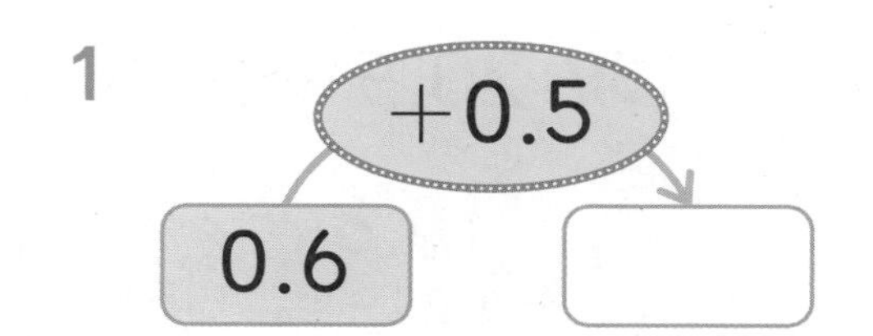

2

+1.52

3.14 → ☐

3

+1.81

2.63 → ☐

4

+1.7

13.5 → ☐

5

+16.2

14.1 → ☐

6

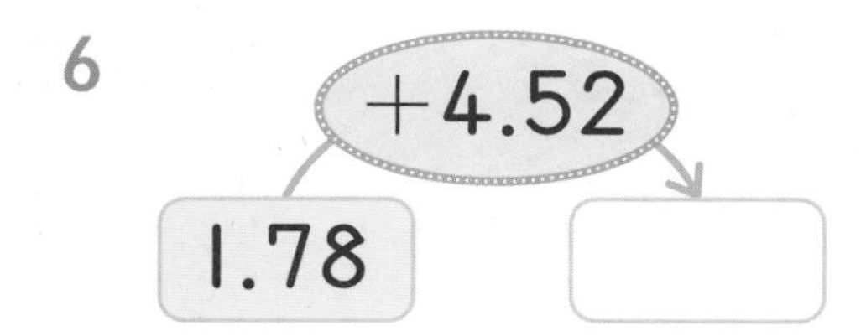

7

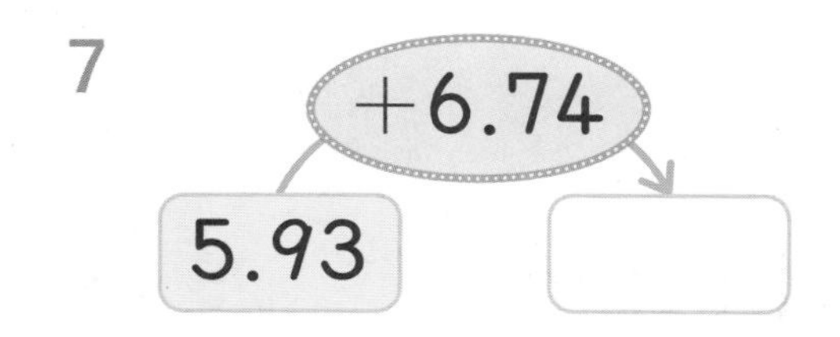

8

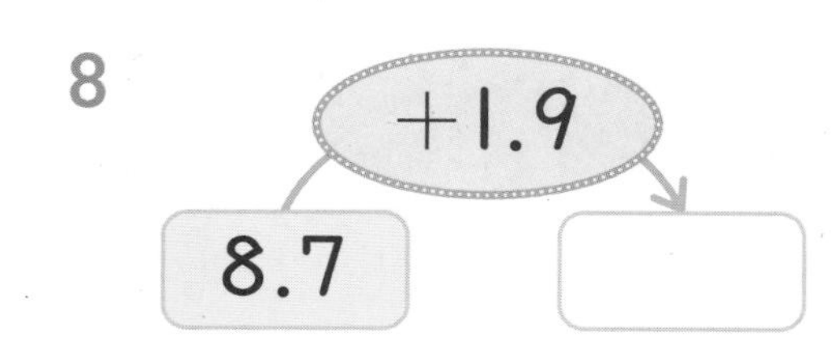

9

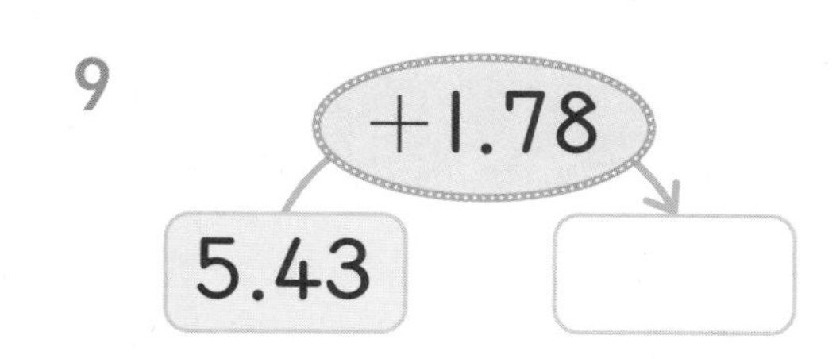

10

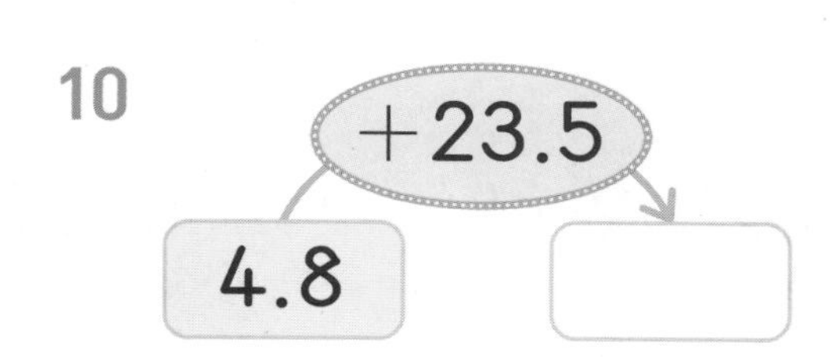

6주

빈 곳에 알맞은 수를 써넣으세요.

11
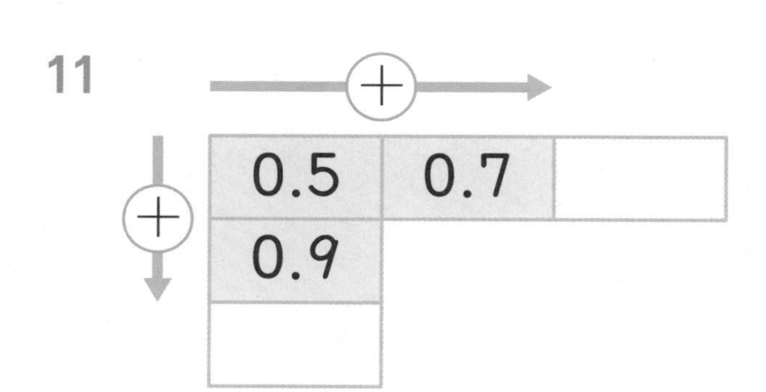

12
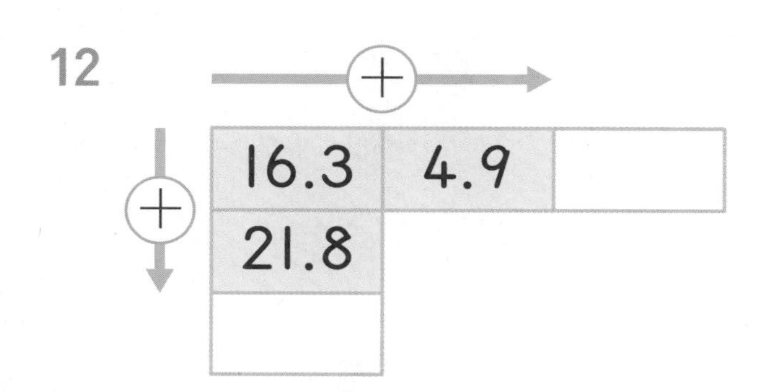

13
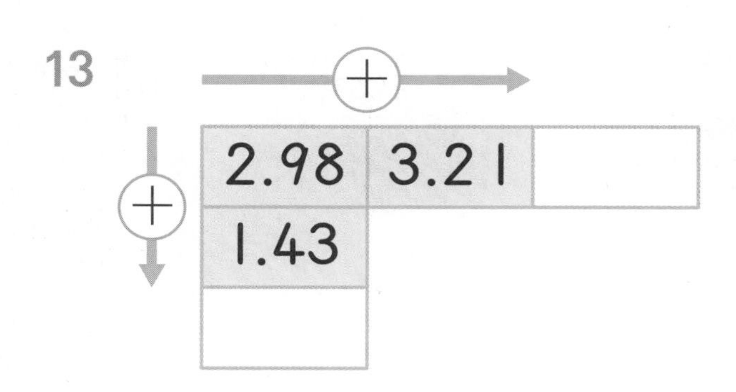

14
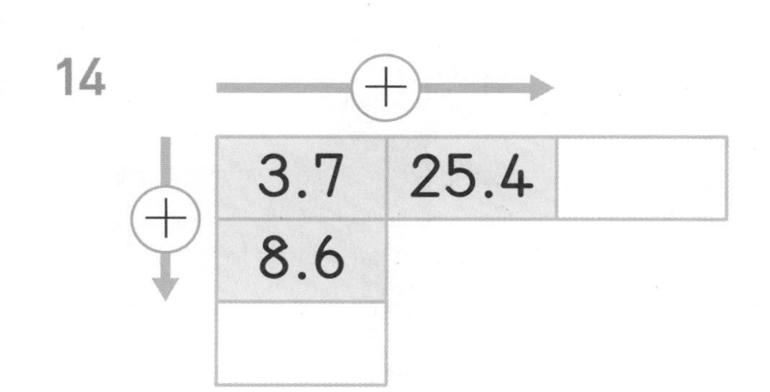

15
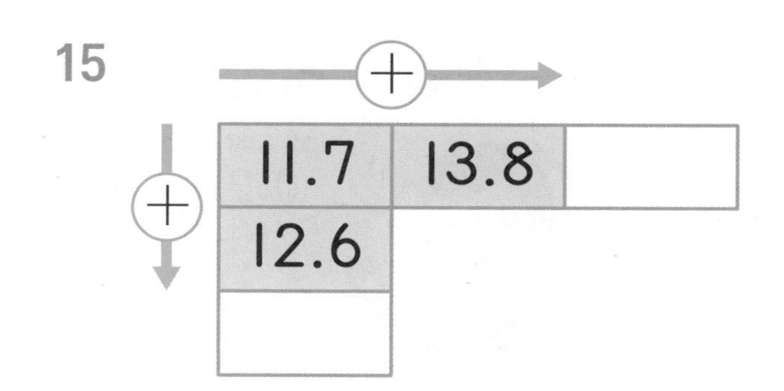

16
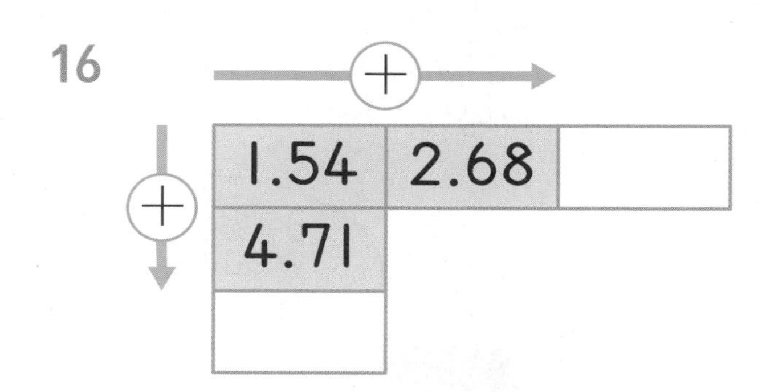

17
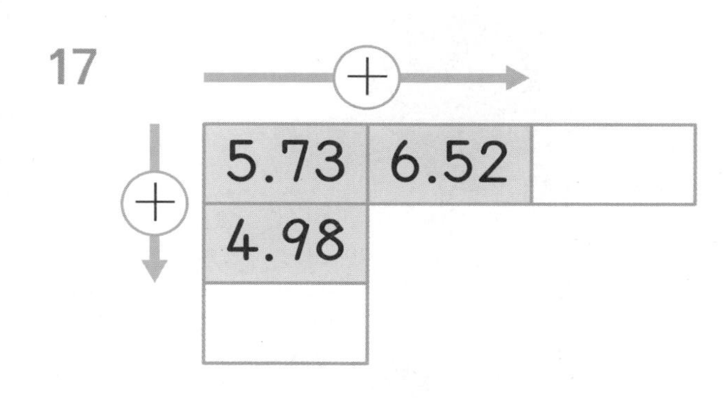

18
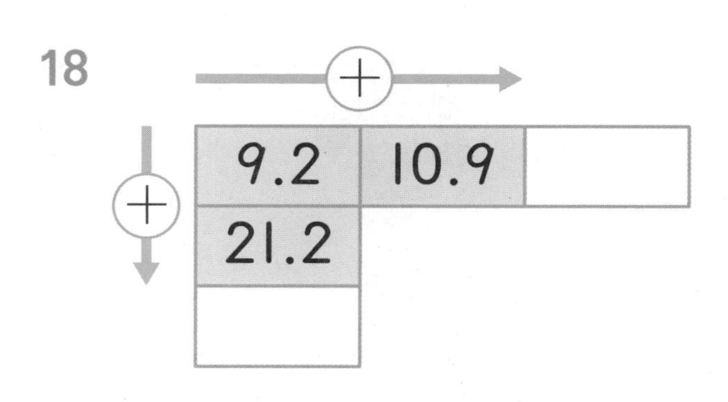

스스로 평가

6주 생각 수학

주희, 민현, 성우는 각자 방울토마토 모종을 키우고 있습니다. 모종의 키를 3달 전에 재고 오늘 다시 재었습니다. 오늘 잰 모종의 키를 각각 구해 보세요.

✎ 친구들과 반려동물의 무게의 합을 구해 사다리를 타고 간 곳에 써넣으세요.

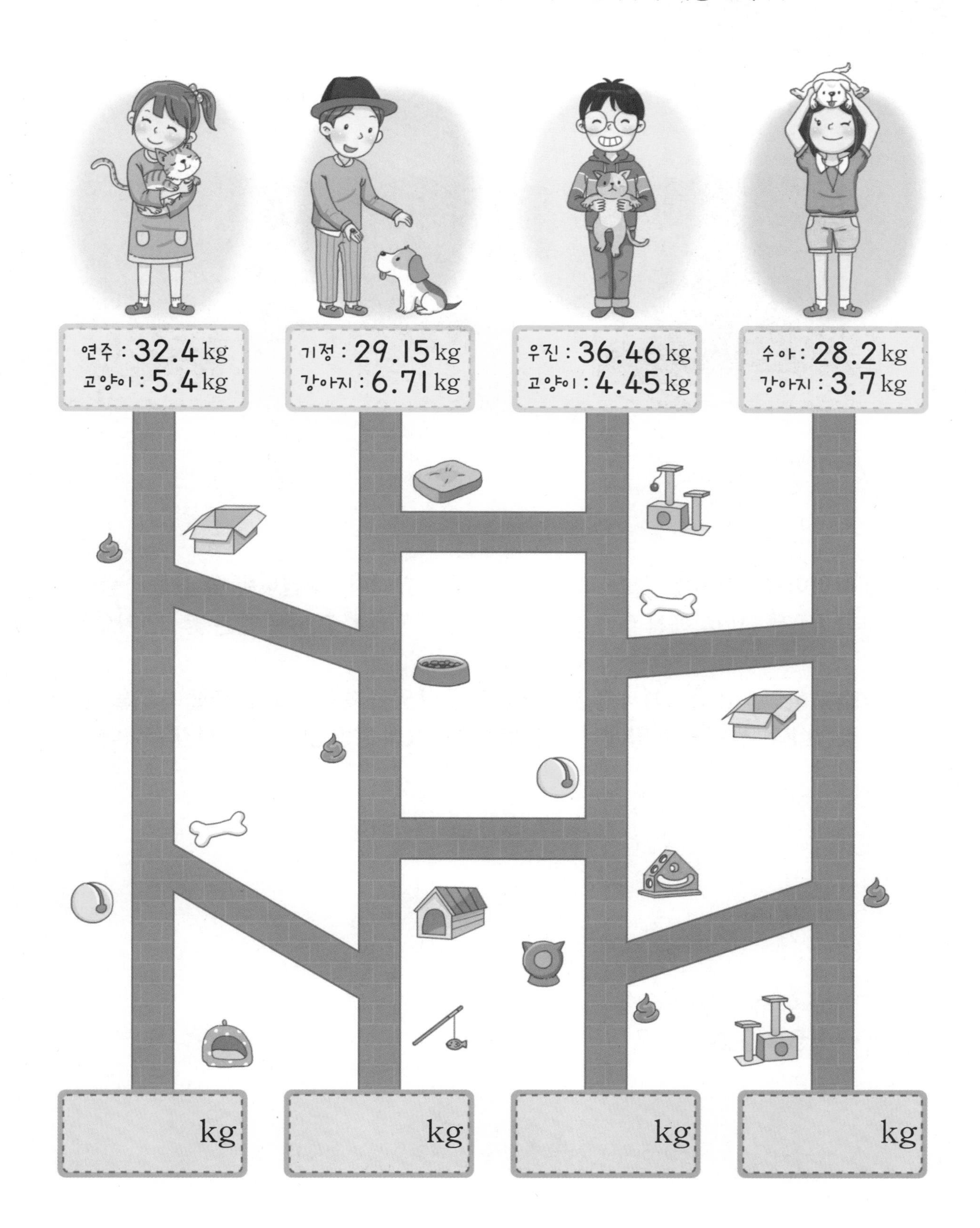

자릿수가 같은 소수의 뺄셈

수영이와 정현이는 물을 나누어 마시려고 합니다. 수영이는 물 1.5L 중에서 0.6L를 정현이에게 주려고 합니다. 정현이에게 주고 남은 물은 몇 L인가요?

전체 물의 양 1.5L에서 정현이에게 줄 물의 양을 빼면 주고 남은 물의 양을 알 수 있습니다. 전체 물의 양에서 정현이에게 줄 물의 양만큼을 ×로 지워 봅니다.

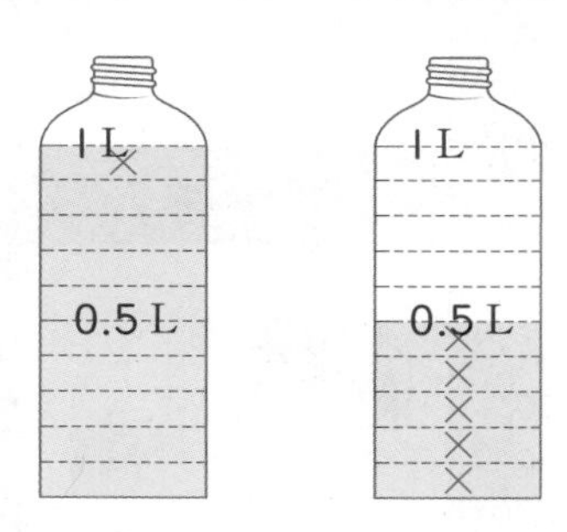

1.5L에서 0.6L만큼을 지우면 0.9L가 남습니다.

➡ $1.5-0.6=0.9$

$1.5-0.6=0.9$이므로 정현이에게 주고 남은 물은 0.9L예요.

일차	1일 학습	2일 학습	3일 학습	4일 학습	5일 학습
공부할 날	월 일	월 일	월 일	월 일	월 일

소수 한 자리 수의 뺄셈

• 3.2 − 1.7 계산하기

방법 1 0.1이 몇 개인지 이용하여 계산하기

3.2는 0.1이 32개 1.7은 0.1이 17개입니다.

➡ 3.2 − 1.7은 0.1이 15개이므로 1.5입니다.

방법 2 세로로 계산하기

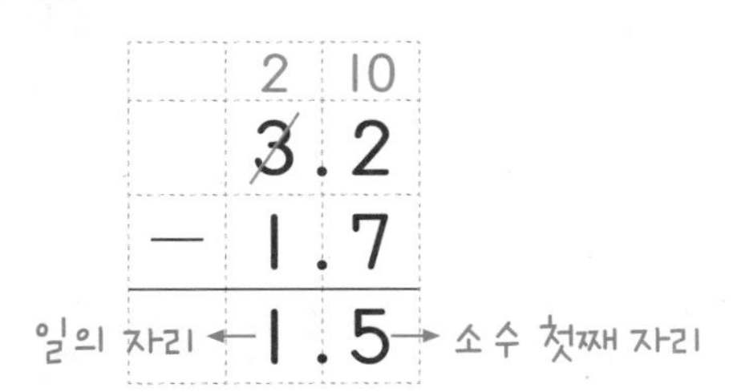

소수 첫째 자리 수끼리 뺄 수 없으면 일의 자리에서 10을 받아내림하여 계산해요.

소수 두 자리 수의 뺄셈

• 1.35 − 0.87 계산하기

소수점끼리 맞추어 세로로 쓰고 같은 자리 수끼리 빼요.

소수 둘째 자리의 차

		2	10
	1.	3	5
−	0.	8	7
			8

➡ 소수 첫째 자리의 차

	0	12	10
	1.	3	5
−	0.	8	7
		4	8

➡ 일의 자리의 차

	0	12	10
	1.	3	5
−	0.	8	7
	0.	4	8

개념 쏙쏙 노트

• 자릿수가 같은 소수의 뺄셈

	7 10		7 10		7 10
	0.8 1	➡	0.8 1	➡	0.8 1
	− 0.1 8		− 0.1 8		− 0.1 8
	3		6 3		0.6 3

같은 자리의 수끼리 뺄 수 없으면 바로 윗자리에서 10을 받아내림하여 계산합니다.

1일 연습

자릿수가 같은 소수의 뺄셈

계산해 보세요.

1

$$\begin{array}{r} 0.5 \\ -\ 0.3 \\ \hline \end{array}$$

2

$$\begin{array}{r} 0.6 \\ -\ 0.2 \\ \hline \end{array}$$

3

$$\begin{array}{r} 0.9 \\ -\ 0.7 \\ \hline \end{array}$$

4

$$\begin{array}{r} 5.6 \\ -\ 2.9 \\ \hline \end{array}$$

5

$$\begin{array}{r} 6.9 \\ -\ 4.2 \\ \hline \end{array}$$

6

$$\begin{array}{r} 8.4 \\ -\ 3.8 \\ \hline \end{array}$$

7

$$\begin{array}{r} 11.4 \\ -\ 10.3 \\ \hline \end{array}$$

8

$$\begin{array}{r} 20.4 \\ -\ 13.5 \\ \hline \end{array}$$

9

$$\begin{array}{r} 21.3 \\ -\ 2.7 \\ \hline \end{array}$$

10

$$\begin{array}{r} 32.1 \\ -\ 18.5 \\ \hline \end{array}$$

11

$$\begin{array}{r} 28.2 \\ -\ 7.9 \\ \hline \end{array}$$

12

$$\begin{array}{r} 42.3 \\ -\ 23.5 \\ \hline \end{array}$$

13

$$\begin{array}{r} 5.42 \\ -\ 4.11 \\ \hline \end{array}$$

14

$$\begin{array}{r} 2.45 \\ -\ 0.32 \\ \hline \end{array}$$

15

$$\begin{array}{r} 4.93 \\ -\ 1.24 \\ \hline \end{array}$$

16

$$\begin{array}{r} 5.16 \\ -\ 1.27 \\ \hline \end{array}$$

17

$$\begin{array}{r} 6.42 \\ -\ 2.65 \\ \hline \end{array}$$

18

$$\begin{array}{r} 6.85 \\ -\ 1.26 \\ \hline \end{array}$$

계산해 보세요.

19
$$\begin{array}{r} 0.4 \\ -\ 0.3 \\ \hline \end{array}$$

20
$$\begin{array}{r} 3.6 \\ -\ 2.5 \\ \hline \end{array}$$

21
$$\begin{array}{r} 7.8 \\ -\ 5.4 \\ \hline \end{array}$$

22
$$\begin{array}{r} 20.1 \\ -\ 11.2 \\ \hline \end{array}$$

23
$$\begin{array}{r} 1.67 \\ -\ 1.25 \\ \hline \end{array}$$

24
$$\begin{array}{r} 3.89 \\ -\ 1.92 \\ \hline \end{array}$$

25
$$\begin{array}{r} 0.6 \\ -\ 0.1 \\ \hline \end{array}$$

26
$$\begin{array}{r} 6.4 \\ -\ 3.6 \\ \hline \end{array}$$

27
$$\begin{array}{r} 8.9 \\ -\ 3.3 \\ \hline \end{array}$$

28
$$\begin{array}{r} 27.2 \\ -\ 5.5 \\ \hline \end{array}$$

29
$$\begin{array}{r} 2.03 \\ -\ 1.14 \\ \hline \end{array}$$

30
$$\begin{array}{r} 6.43 \\ -\ 2.33 \\ \hline \end{array}$$

31
$$\begin{array}{r} 9.5 \\ -\ 1.8 \\ \hline \end{array}$$

32
$$\begin{array}{r} 7.6 \\ -\ 2.8 \\ \hline \end{array}$$

33
$$\begin{array}{r} 16.3 \\ -\ 10.4 \\ \hline \end{array}$$

34
$$\begin{array}{r} 30.4 \\ -\ 13.6 \\ \hline \end{array}$$

35
$$\begin{array}{r} 3.18 \\ -\ 1.07 \\ \hline \end{array}$$

36
$$\begin{array}{r} 8.85 \\ -\ 3.36 \\ \hline \end{array}$$

스스로 평가

2일 반복

자릿수가 같은 소수의 뺄셈

계산해 보세요.

1
$$\begin{array}{r} 0.5 \\ -\ 0.2 \\ \hline \end{array}$$

2
$$\begin{array}{r} 3.6 \\ -\ 1.7 \\ \hline \end{array}$$

3
$$\begin{array}{r} 8.5 \\ -\ 2.8 \\ \hline \end{array}$$

4
$$\begin{array}{r} 0.8 \\ -\ 0.3 \\ \hline \end{array}$$

5
$$\begin{array}{r} 4.7 \\ -\ 1.5 \\ \hline \end{array}$$

6
$$\begin{array}{r} 8.9 \\ -\ 3.4 \\ \hline \end{array}$$

7
$$\begin{array}{r} 34.2 \\ -\ 11.6 \\ \hline \end{array}$$

8
$$\begin{array}{r} 2.65 \\ -\ 1.14 \\ \hline \end{array}$$

9
$$\begin{array}{r} 4.13 \\ -\ 1.03 \\ \hline \end{array}$$

10
$$\begin{array}{r} 41.5 \\ -\ 10.4 \\ \hline \end{array}$$

11
$$\begin{array}{r} 2.85 \\ -\ 1.38 \\ \hline \end{array}$$

12
$$\begin{array}{r} 4.56 \\ -\ 2.14 \\ \hline \end{array}$$

13
$$\begin{array}{r} 0.9 \\ -\ 0.4 \\ \hline \end{array}$$

14
$$\begin{array}{r} 7.5 \\ -\ 2.6 \\ \hline \end{array}$$

15
$$\begin{array}{r} 14.2 \\ -\ 11.1 \\ \hline \end{array}$$

16
$$\begin{array}{r} 20.4 \\ -\ 1.5 \\ \hline \end{array}$$

17
$$\begin{array}{r} 3.67 \\ -\ 1.57 \\ \hline \end{array}$$

18
$$\begin{array}{r} 6.18 \\ -\ 1.79 \\ \hline \end{array}$$

계산해 보세요.

19
$$\begin{array}{r} 0.8 \\ -\ 0.4 \\ \hline \end{array}$$

20
$$\begin{array}{r} 34.5 \\ -\ 11.2 \\ \hline \end{array}$$

21
$$\begin{array}{r} 3.6 \\ -\ 1.7 \\ \hline \end{array}$$

22
$$\begin{array}{r} 78.3 \\ -\ 33.6 \\ \hline \end{array}$$

23
$$\begin{array}{r} 45.6 \\ -\ 28.8 \\ \hline \end{array}$$

24
$$\begin{array}{r} 0.7 \\ -\ 0.4 \\ \hline \end{array}$$

25
$$\begin{array}{r} 7.8 \\ -\ 4.2 \\ \hline \end{array}$$

26
$$\begin{array}{r} 43.6 \\ -\ 22.8 \\ \hline \end{array}$$

27
$$\begin{array}{r} 38.2 \\ -\ 18.7 \\ \hline \end{array}$$

28
$$\begin{array}{r} 41.1 \\ -\ 16.8 \\ \hline \end{array}$$

29
$$\begin{array}{r} 14.5 \\ -\ 8.2 \\ \hline \end{array}$$

30
$$\begin{array}{r} 0.68 \\ -\ 0.14 \\ \hline \end{array}$$

31
$$\begin{array}{r} 22.5 \\ -\ 3.3 \\ \hline \end{array}$$

32
$$\begin{array}{r} 0.81 \\ -\ 0.17 \\ \hline \end{array}$$

33
$$\begin{array}{r} 80.5 \\ -\ 51.6 \\ \hline \end{array}$$

34
$$\begin{array}{r} 36.7 \\ -\ 15.4 \\ \hline \end{array}$$

35
$$\begin{array}{r} 0.71 \\ -\ 0.38 \\ \hline \end{array}$$

36
$$\begin{array}{r} 0.94 \\ -\ 0.38 \\ \hline \end{array}$$

스스로 평가

3 반복 일

자릿수가 같은 소수의 뺄셈

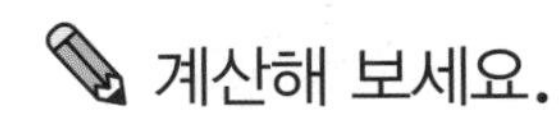
계산해 보세요.

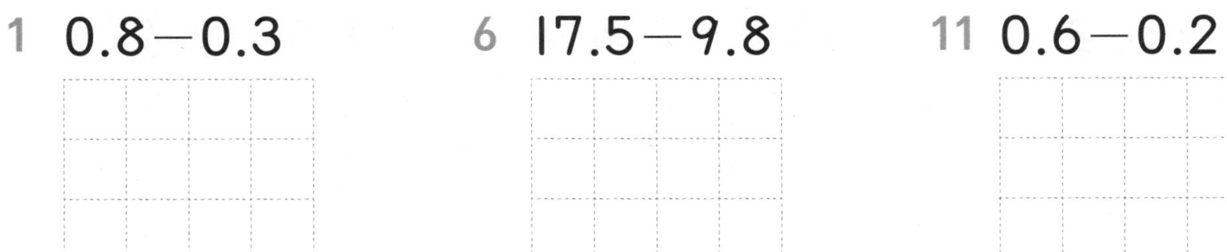

1 $0.8-0.3$

2 $31.3-10.4$

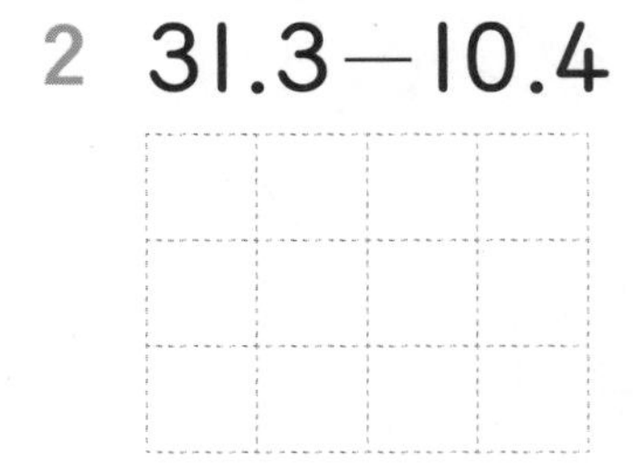

3 $7.5-3.2$

4 $38.6-14.7$

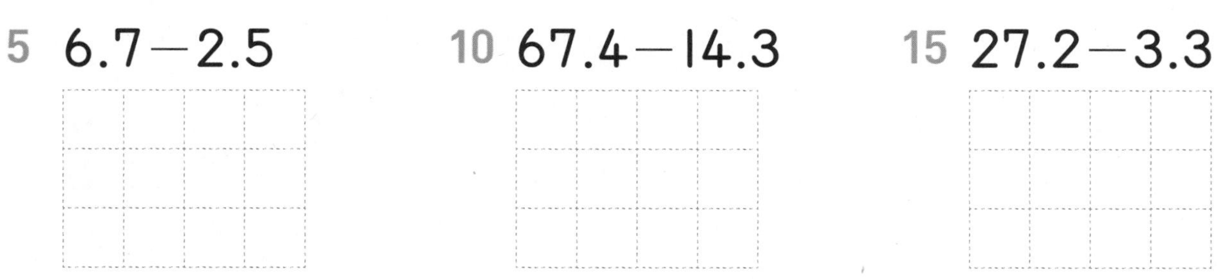

5 $6.7-2.5$

6 $17.5-9.8$

7 $25.6-10.6$

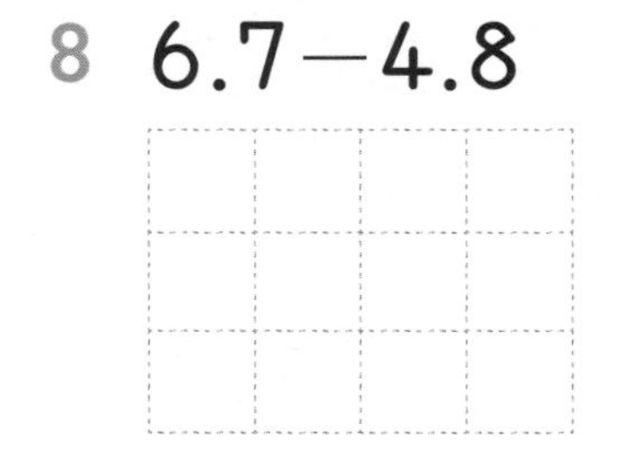

8 $6.7-4.8$

9 $45.6-13.4$

10 $67.4-14.3$

11 $0.6-0.2$

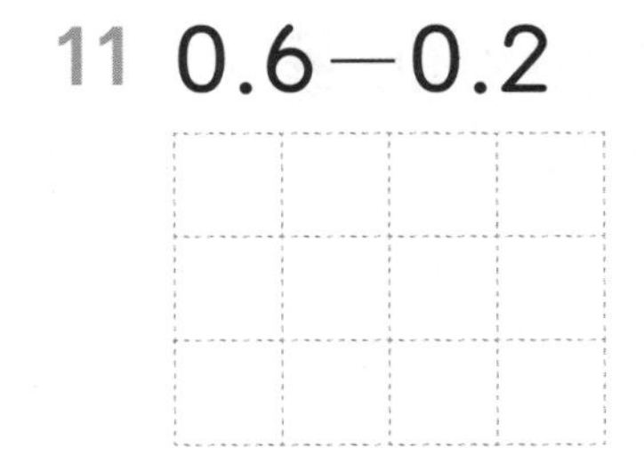

12 $61.4-23.3$

13 $42.6-13.4$

14 $8.3-2.7$

15 $27.2-3.3$

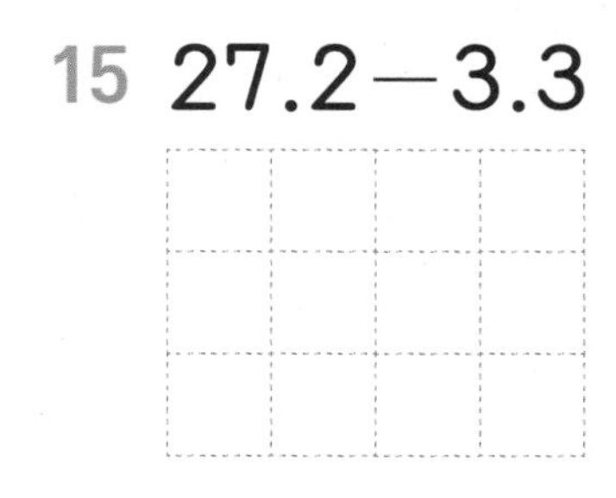

계산해 보세요.

16 $0.7-0.2$

17 $34.6-12.2$

18 $56.3-13.2$

19 $36.1-17.4$

20 $4.7-1.8$

21 $8.5-6.7$

22 $27.2-11.3$

23 $6.9-4.6$

24 $32.8-28.8$

25 $42.2-26.3$

26 $0.3-0.2$

27 $6.7-5.1$

28 $37.5-18.6$

29 $17.1-9.4$

30 $67.3-25.5$

31 $0.63-0.23$

32 $6.31-4.34$

33 $5.92-1.74$

34 $0.78-0.34$

35 $34.1-25.4$

36 $6.34-4.51$

스스로 평가

자릿수가 같은 소수의 뺄셈

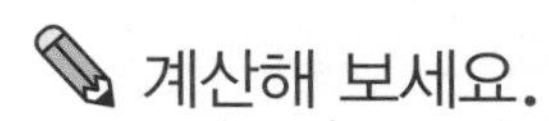
계산해 보세요.

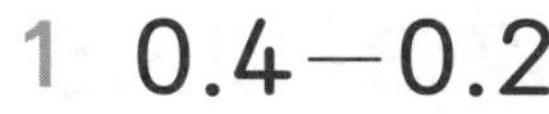

1 $0.4-0.2$

2 $5.7-3.4$

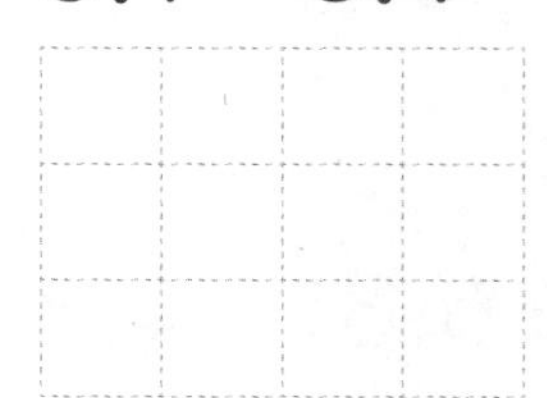

3 $63.1-25.2$

4 $18.7-11.3$

5 $22.5-15.1$

6 $0.6-0.5$

7 $15.3-8.6$

8 $6.4-2.3$

9 $28.3-11.4$

10 $5.7-1.6$

11 $0.9-0.3$

12 $33.6-5.5$

13 $9.5-3.8$

14 $16.2-14.1$

15 $31.3-14.5$

계산해 보세요.

16 $0.9-0.6$

17 $0.47-0.31$

18 $5.8-4.6$

19 $23.1-4.9$

20 $38.2-16.4$

21 $0.4-0.2$

22 $33.5-18.9$

23 $52.6-11.7$

24 $19.4-8.3$

25 $24.1-16.7$

26 $0.8-0.1$

27 $29.8-4.6$

28 $4.8-1.9$

29 $20.7-11.1$

30 $37.2-18.4$

31 $3.64-1.71$

32 $4.38-3.62$

33 $3.95-2.48$

34 $17.2-13.2$

35 $0.64-0.31$

36 $5.41-4.25$

스스로 평가

자릿수가 같은 소수의 뺄셈

☐ 안에 알맞은 수를 써넣으세요.

1 0.8 → −0.3 → ☐

2 9.6 → −2.8 → ☐

3 0.81 → −0.29 → ☐

4 25.1 → −11.1 → ☐

5 14.5 → −9.6 → ☐

6 8.4 → −3.8 → ☐

7 7.85 → −2.36 → ☐

8 12.2 → −4.3 → ☐

9 6.57 → −1.15 → ☐

10 32.9 → 21.7 → ☐

빈 곳에 알맞은 수를 써넣으세요.

11

5.2	−1.3	

16

3.9	−1.6	

12

27.2	−12.8	

17

18.2	−10.3	

13

6.37	−1.99	

18

3.61	−2.93	

14

15.6	−7.7	

19

24.2	−18.6	

15

7.84	−1.99	

20

3.84	−1.62	

스스로 평가

지훈이는 성운이를 만나려고 합니다. 뺄셈을 바르게 한 것을 따라가면 성운이를 만날 수 있습니다. 길을 따라가 보세요.

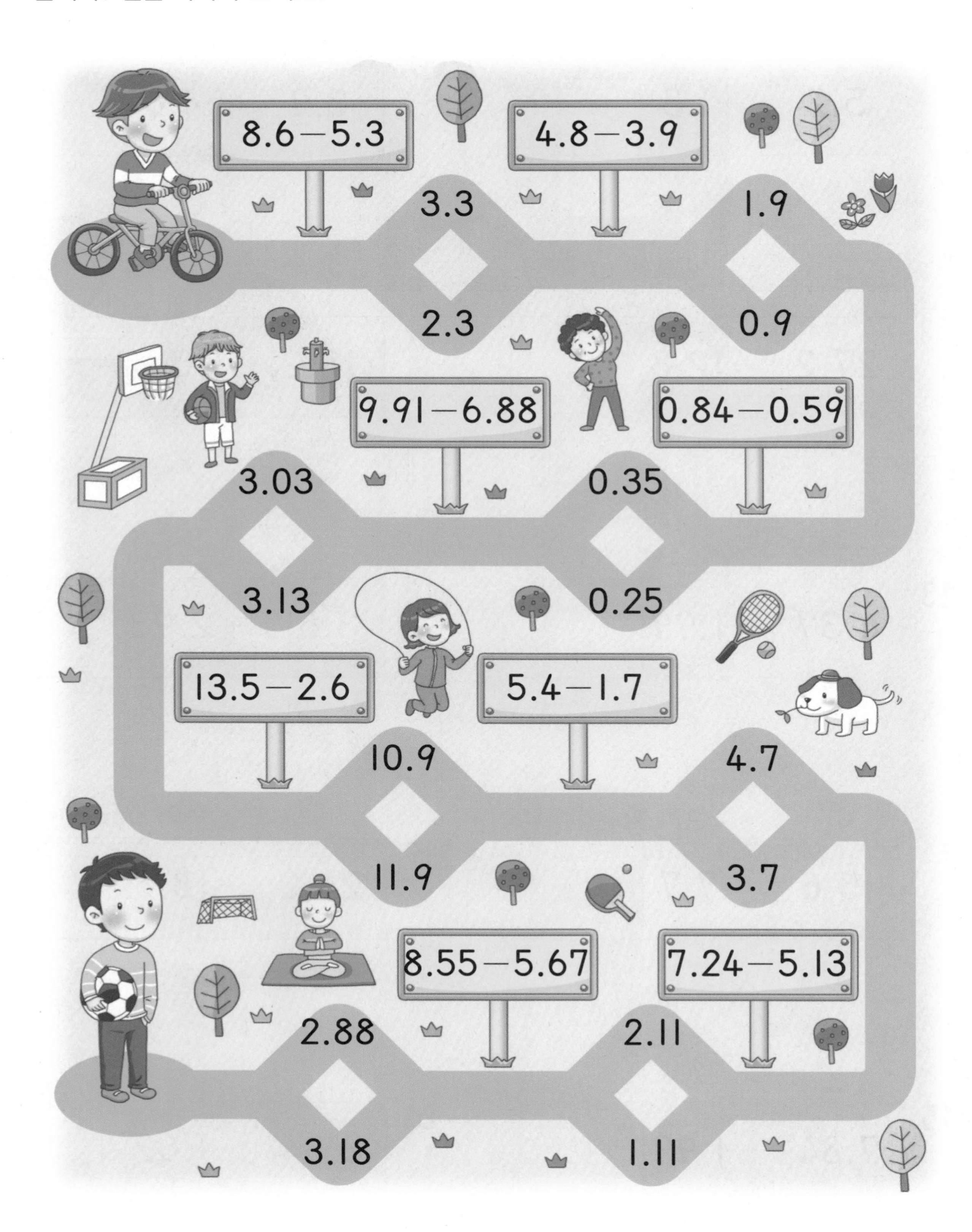

성한이와 수미는 가지고 있는 수 카드를 한 번씩 모두 사용하여 소수 두 자리 수를 만들려고 합니다. 두 사람이 각자 만들 수 있는 가장 큰 수와 가장 작은 수의 차를 구해 보세요.

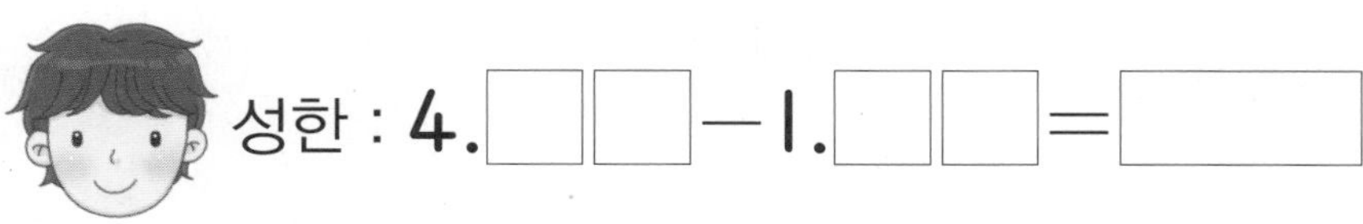

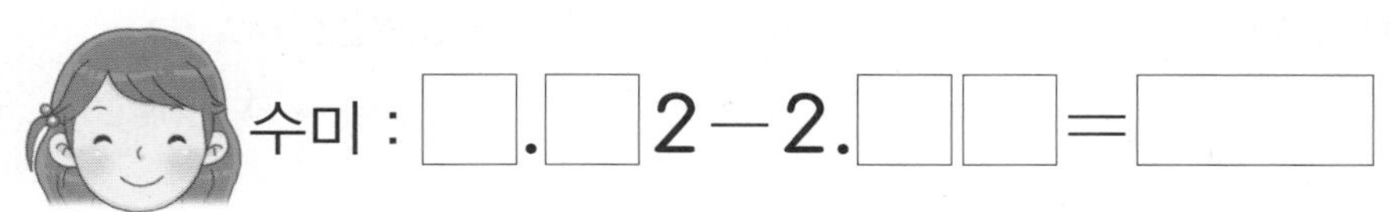

자릿수가 다른 소수의 덧셈

승민이와 서아가 높이뛰기 경기를 하였습니다. 승민이가 0.7 m를 뛰었고, 서아는 승민이보다 0.22 m 더 높이 뛰었습니다. 서아의 높이뛰기 기록은 몇 m인가요?

승민이가 뛴 높이뛰기 기록에 0.22 m를 더하면 서아의 높이뛰기 기록을 알 수 있습니다.

서아의 높이뛰기 기록은 몇 m인지 수직선에 나타내어 봅니다.

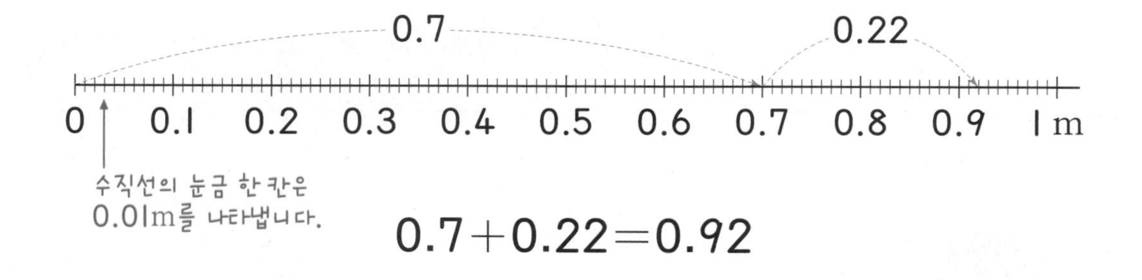

$$0.7+0.22=0.92$$

0.7+0.22=0.92이므로 서아의 높이뛰기 기록은 0.92 m예요.

일차	1일 학습	2일 학습	3일 학습	4일 학습	5일 학습
공부할 날	월 일	월 일	월 일	월 일	월 일

자릿수가 다른 소수의 덧셈

• 0.85+0.3 계산하기

소수점끼리 맞추어 세로로 쓰고 같은 자리 수끼리 더합니다.

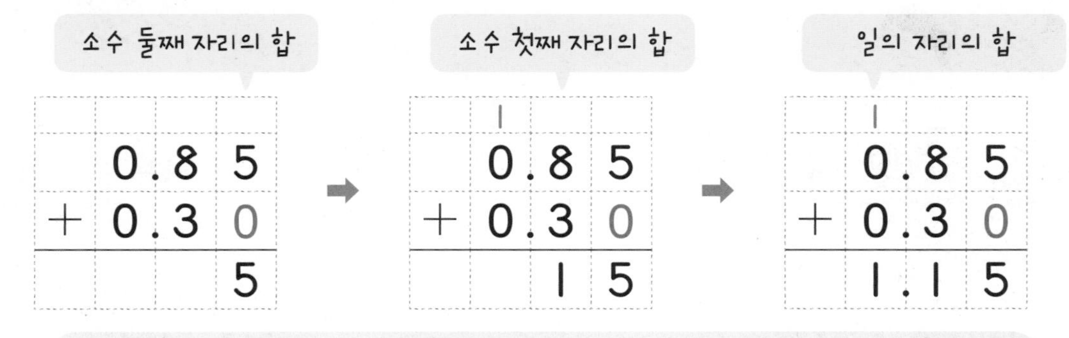

같은 자리 수끼리 합이 10과 같거나 10보다 크면 바로 윗자리로 받아올림해요.

• 0.9+0.41 계산하기

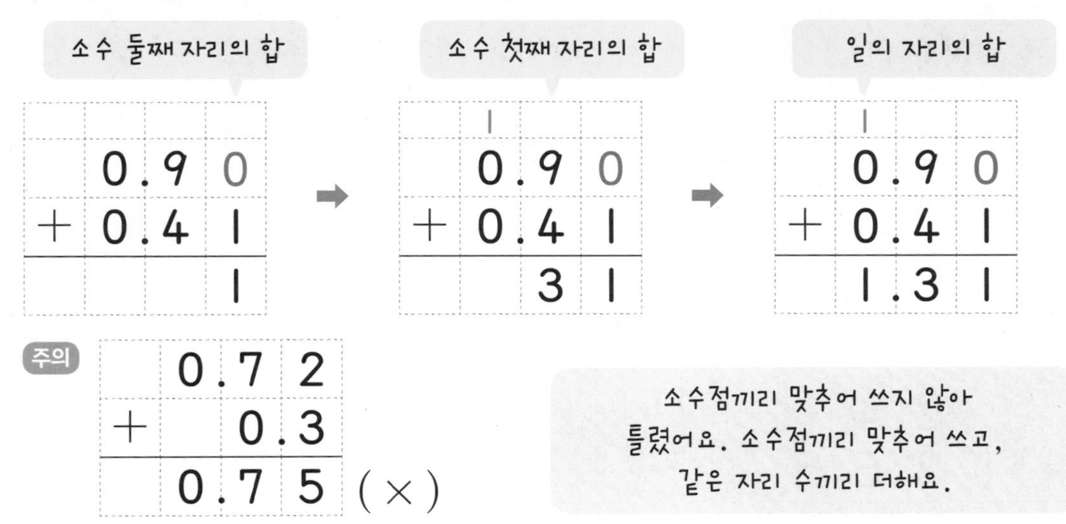

개념 쏙쏙 노트

• 자릿수가 다른 소수의 덧셈

① 소수점끼리 맞추어 세로로 씁니다.

② 같은 자리 수끼리 더하고 소수점을 찍습니다.

1 연습 1일

자릿수가 다른 소수의 덧셈

계산해 보세요.

1. $3.4 + 1.27$

2. $15.2 + 4.89$

3. $2.24 + 0.382$

4. $5.09 + 3.7$

5. $2.4 + 13.65$

6. $4.368 + 2.17$

7. $1.75 + 1.6$

8. $3.03 + 17.7$

9. $2.49 + 1.025$

10. $14.28 + 3.7$

11. $4.21 + 28.3$

12. $5.4 + 18.76$

13. $0.41 + 15.3$

14. $3.16 + 6.4$

15. $5.51 + 13.7$

16. $8.75 + 3.3$

17. $16.55 + 7.3$

18. $1.026 + 0.99$

 계산해 보세요.

19 $\begin{array}{r} 3.3 \\ +\ 1.58 \\ \hline \end{array}$

20 $\begin{array}{r} 2.14 \\ +\ 11.9 \\ \hline \end{array}$

21 $\begin{array}{r} 9.3 \\ +\ 10.46 \\ \hline \end{array}$

22 $\begin{array}{r} 2.35 \\ +\ 28.6 \\ \hline \end{array}$

23 $\begin{array}{r} 4.43 \\ +\ 28.6 \\ \hline \end{array}$

24 $\begin{array}{r} 8.64 \\ +\ 1.1 \\ \hline \end{array}$

25 $\begin{array}{r} 25.6 \\ +\ 1.05 \\ \hline \end{array}$

26 $\begin{array}{r} 3.3 \\ +\ 6.56 \\ \hline \end{array}$

27 $\begin{array}{r} 13.5 \\ +\ 1.54 \\ \hline \end{array}$

28 $\begin{array}{r} 3.49 \\ +\ 17.2 \\ \hline \end{array}$

29 $\begin{array}{r} 6.32 \\ +\ 7.3 \\ \hline \end{array}$

30 $\begin{array}{r} 19.56 \\ +\ 9.5 \\ \hline \end{array}$

31 $\begin{array}{r} 24.53 \\ +\ 10.5 \\ \hline \end{array}$

32 $\begin{array}{r} 6.5 \\ +\ 0.79 \\ \hline \end{array}$

33 $\begin{array}{r} 67.2 \\ +\ 2.81 \\ \hline \end{array}$

34 $\begin{array}{r} 3.58 \\ +\ 8.5 \\ \hline \end{array}$

35 $\begin{array}{r} 6.41 \\ +\ 71.5 \\ \hline \end{array}$

36 $\begin{array}{r} 11.25 \\ +\ 4.5 \\ \hline \end{array}$

스스로 평가

2일 반복

자릿수가 다른 소수의 덧셈

계산해 보세요.

1. $34.7 + 2.56$

2. $2.36 + 1.098$

3. $11.2 + 5.47$

4. $0.72 + 27.3$

5. $34.99 + 11.2$

6. $20.02 + 3.5$

7. $1.2 + 38.87$

8. $11.6 + 0.87$

9. $15.89 + 0.4$

10. $65.1 + 0.54$

11. $67.1 + 3.67$

12. $7.8 + 0.325$

13. $0.32 + 9.1$

14. $0.32 + 18.7$

15. $6.78 + 16.8$

16. $7.11 + 44.9$

17. $8.25 + 30.9$

18. $0.527 + 8.6$

계산해 보세요.

19. $\begin{array}{r} 9.03 \\ +\ 1.9 \\ \hline \end{array}$

20. $\begin{array}{r} 10.65 \\ +\ 1.7 \\ \hline \end{array}$

21. $\begin{array}{r} 0.45 \\ +\ 34.6 \\ \hline \end{array}$

22. $\begin{array}{r} 3.35 \\ +\ 29.9 \\ \hline \end{array}$

23. $\begin{array}{r} 6.35 \\ +\ 14.6 \\ \hline \end{array}$

24. $\begin{array}{r} 9.52 \\ +\ 61.7 \\ \hline \end{array}$

25. $\begin{array}{r} 1.12 \\ +\ 3.492 \\ \hline \end{array}$

26. $\begin{array}{r} 23.41 \\ +\ 36.5 \\ \hline \end{array}$

27. $\begin{array}{r} 0.59 \\ +\ 6.7 \\ \hline \end{array}$

28. $\begin{array}{r} 5.64 \\ +\ 32.7 \\ \hline \end{array}$

29. $\begin{array}{r} 8.43 \\ +\ 9.6 \\ \hline \end{array}$

30. $\begin{array}{r} 17.74 \\ +\ 0.6 \\ \hline \end{array}$

31. $\begin{array}{r} 11.3 \\ +\ 52.71 \\ \hline \end{array}$

32. $\begin{array}{r} 6.47 \\ +\ 13.9 \\ \hline \end{array}$

33. $\begin{array}{r} 2.23 \\ +\ 9.8 \\ \hline \end{array}$

34. $\begin{array}{r} 6.03 \\ +\ 91.9 \\ \hline \end{array}$

35. $\begin{array}{r} 9.43 \\ +\ 2.5 \\ \hline \end{array}$

36. $\begin{array}{r} 20.18 \\ +\ 3.9 \\ \hline \end{array}$

스스로 평가

3일 반복

자릿수가 다른 소수의 덧셈

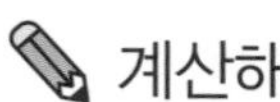 계산해 보세요.

1 2.31+7.119

6 2.91+13.9

11 3.36+22.5

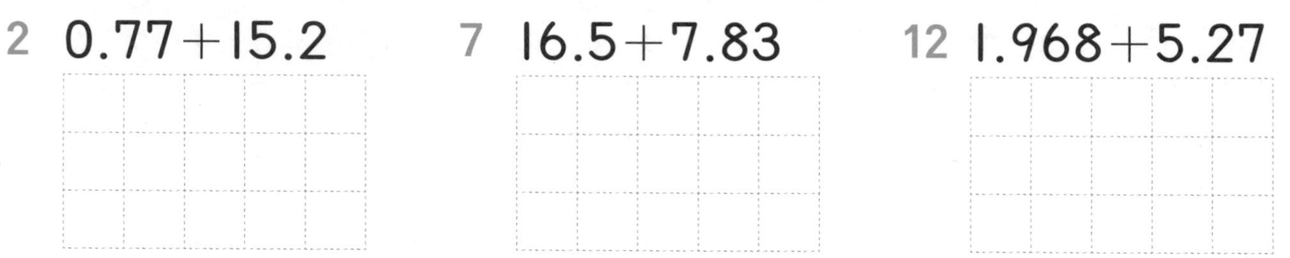

2 0.77+15.2

7 16.5+7.83

12 1.968+5.27

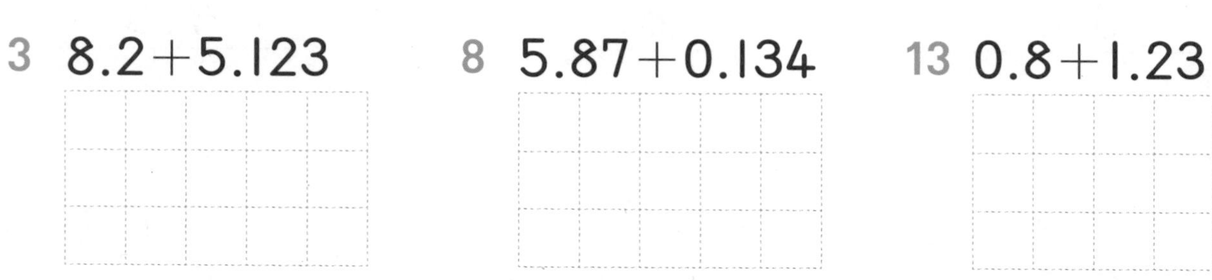

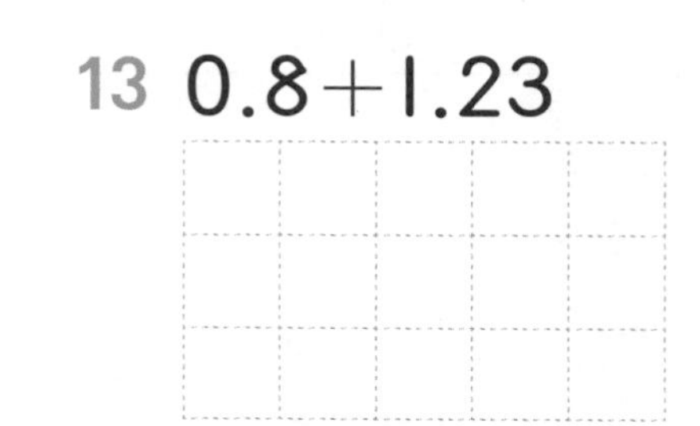

3 8.2+5.123

8 5.87+0.134

13 0.8+1.23

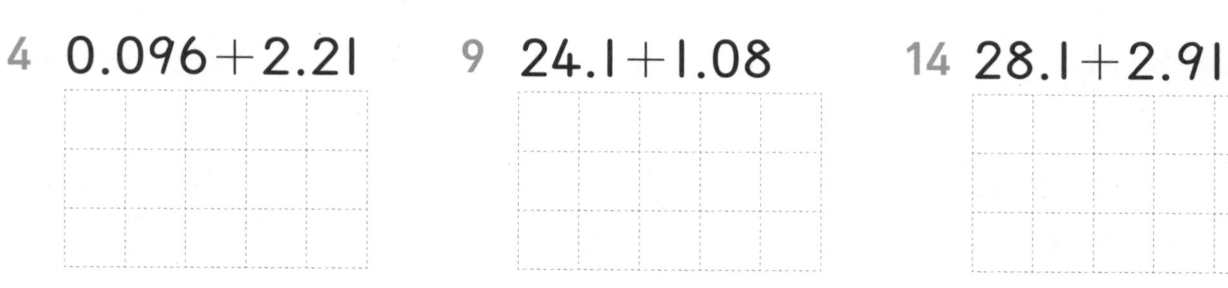

4 0.096+2.21

9 24.1+1.08

14 28.1+2.91

5 1.1+0.349

10 3.24+16.9

15 0.816+8.15

계산해 보세요.

16 $12.35+9.6$

17 $15.6+3.78$

18 $20.4+9.99$

19 $3.9+10.17$

20 $0.492+1.6$

21 $13.78+8.2$

22 $10.9+2.98$

23 $0.62+17.1$

24 $0.183+3.4$

25 $3.4+1.26$

26 $10.1+1.93$

27 $30.8+3.41$

28 $3.95+0.7$

29 $3.4+1.54$

30 $38.5+12.67$

31 $5.5+21.85$

32 $2.23+13.2$

33 $40.6+3.67$

34 $6.32+0.184$

35 $2.89+0.5$

36 $1.7+0.87$

스스로 평가

자릿수가 다른 소수의 덧셈

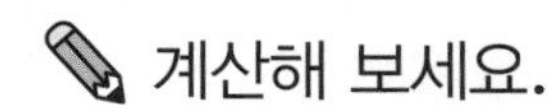

계산해 보세요.

1 $15.7+3.98$

2 $0.56+11.3$

3 $0.98+15.8$

4 $7.82+1.013$

5 $1.941+0.54$

6 $6.091+2.1$

7 $3.78+10.3$

8 $3.45+38.7$

9 $6.1+0.947$

10 $40.9+1.23$

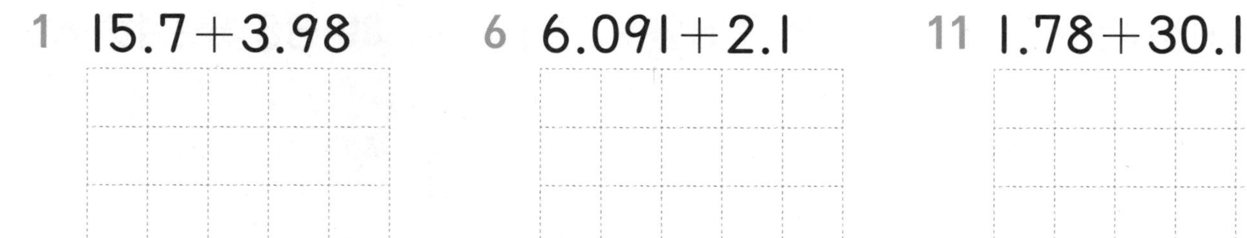

11 $1.78+30.1$

12 $10.08+5.4$

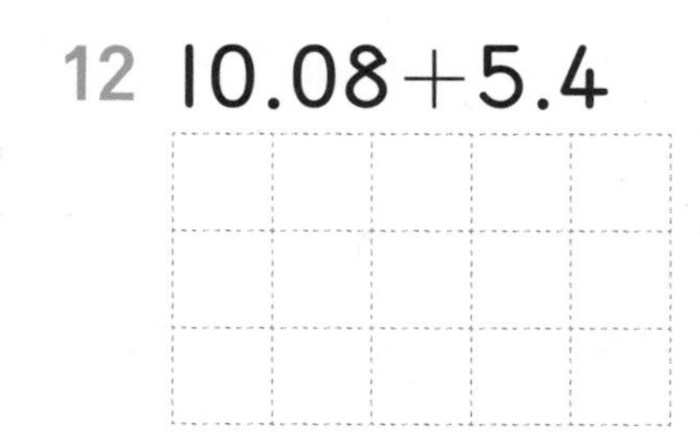

13 $20.9+1.14$

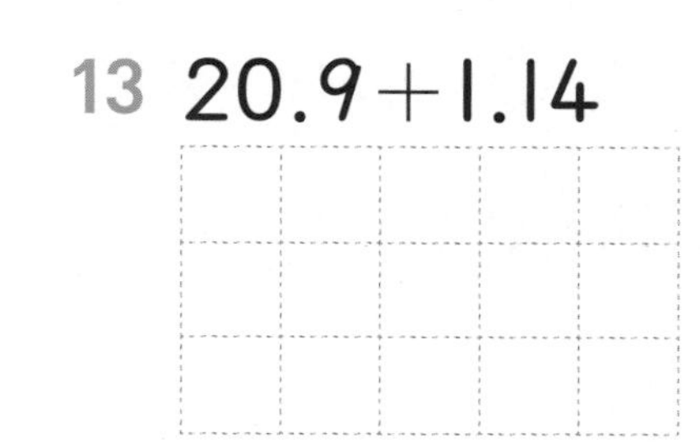

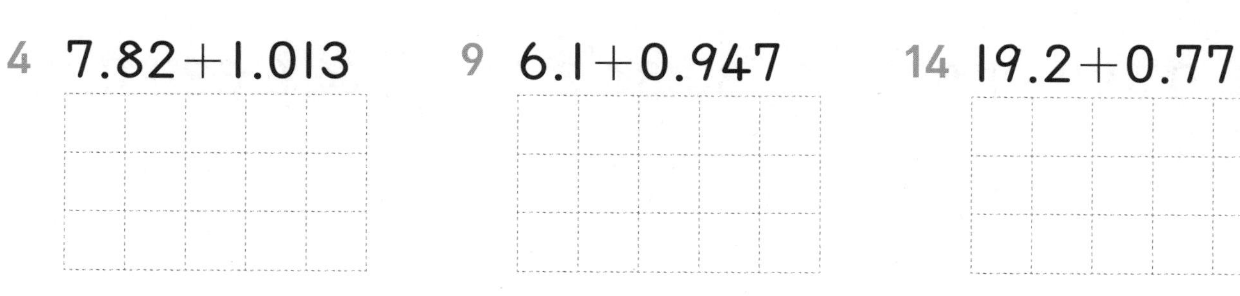

14 $19.2+0.77$

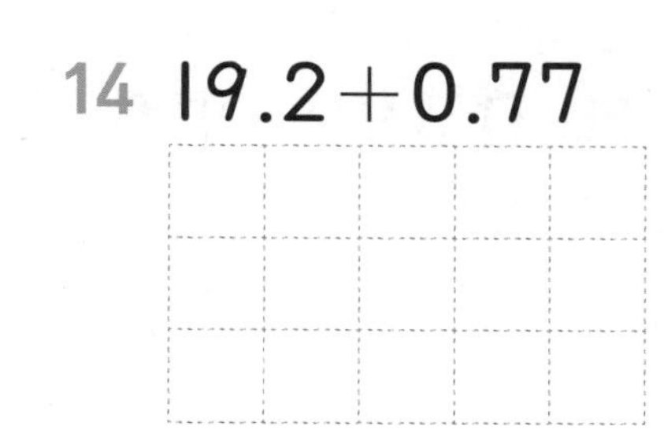

15 $30.7+1.78$

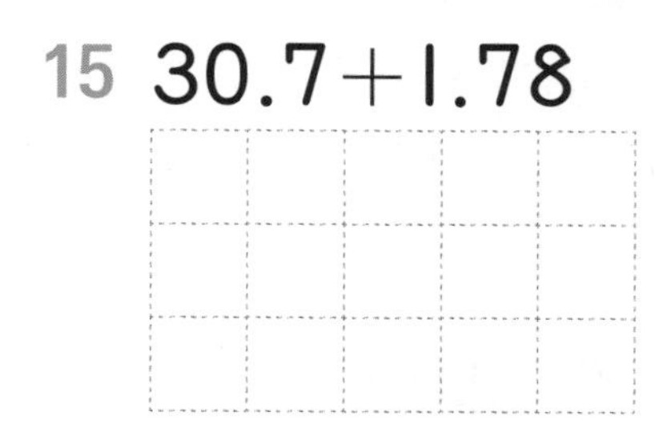

계산해 보세요.

16 $14.93+0.6$

17 $38.7+4.69$

18 $8.47+10.6$

19 $6.43+11.8$

20 $43.9+12.27$

21 $2.4+9.48$

22 $0.9+38.33$

23 $35.6+1.72$

24 $0.48+21.3$

25 $5.3+2.47$

26 $9.02+11.5$

27 $8.23+9.9$

28 $5.5+8.79$

29 $0.234+1.5$

30 $37.9+0.37$

31 $0.95+1.3$

32 $1.43+9.7$

33 $2.2+0.65$

34 $6.6+19.98$

35 $4.291+3.7$

36 $2.5+0.456$

스스로 평가

자릿수가 다른 소수의 덧셈

빈 곳에 알맞은 수를 써넣으세요.

1 (+)

2.1	1.68	

2 (+)

26.4	9.88	

3 (+)

5.75	5.5	

4 (+)

10.42	8.8	

5 (+)

14.8	2.47	

6 (+)

1.39	11.4	

7 (+)

10.5	4.7	

8 (+)

0.73	1.8	

9 (+)

64.3	3.09	

10 (+)

0.09	66.5	

빈 곳에 두 수의 합을 써 넣으세요.

11

1.23	2.8

16

4.7	0.728

12

60.9	4.85

17

11.9	6.53

13

2.86	18.7

18

1.81	9.8

14

13.6	1.58

19

45.6	3.88

15

25.6	0.67

20

0.935	3.2

스스로 평가

✎ 저울에 과일을 2개씩 올려 무게를 재어 보려고 합니다. 각 과일의 무게를 보고 저울에 알맞은 수를 써넣으세요.

✎ 채연이가 집에서 출발하여 수영장에 가려고 합니다. 극장과 공원 중 어느 곳을 거쳐 가는 것이 더 가까운가요?

집~극장~수영장 : $1.2+0.76=$ ☐ (km)

집~공원~수영장 : $0.94+0.8=$ ☐ (km)

(극장, 공원)을 거쳐 가는 것이 더 가깝습니다.

자릿수가 다른 소수의 뺄셈

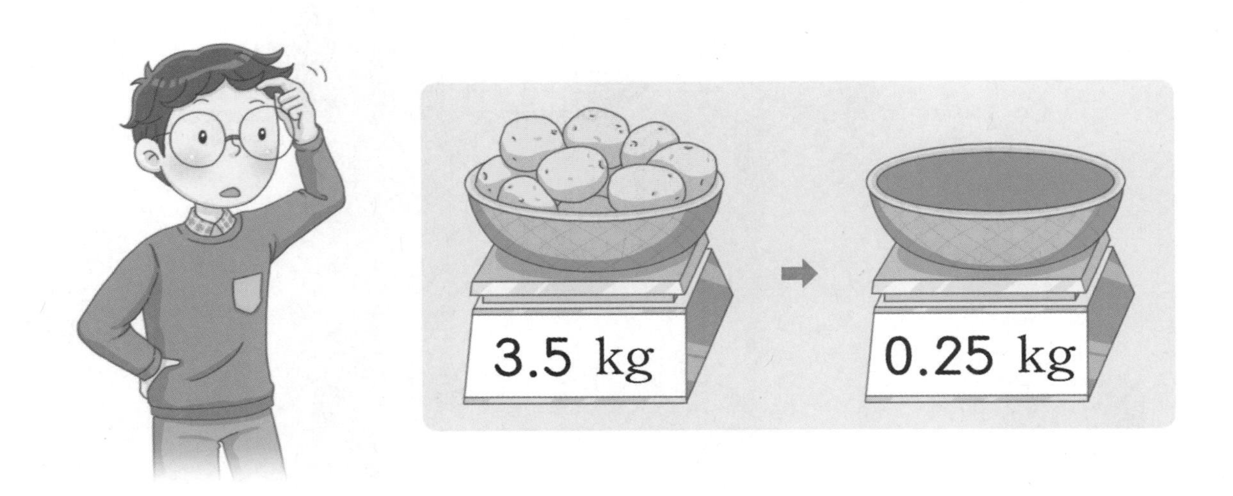

감자가 들어 있는 바구니의 무게는 3.5 kg입니다. 빈 바구니가 0.25 kg일 때 바구니에 들어 있는 감자의 무게는 몇 kg인가요?

감자가 들어 있는 바구니의 무게에서 빈 바구니의 무게를 빼면 바구니에 들어 있는 감자의 무게를 알 수 있습니다.

감자가 들어 있는 바구니의 무게에서 빈 바구니의 무게만큼 ×로 지워 봅니다.

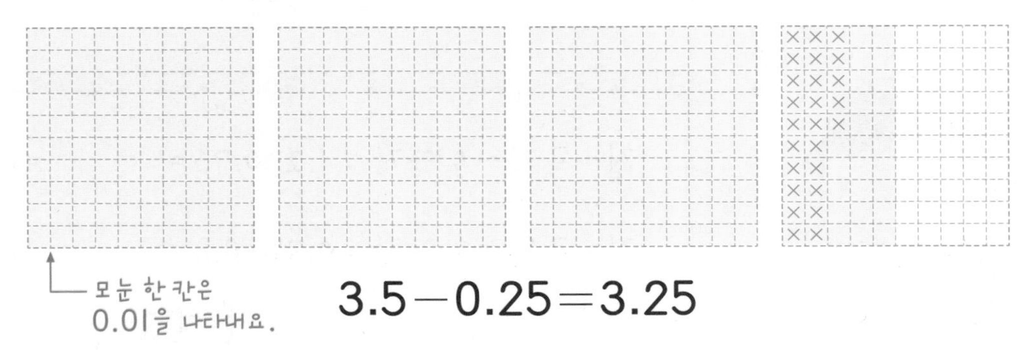

$$3.5-0.25=3.25$$

바구니에 들어 있는 감자는 3.25 kg이에요.

일차	1일 학습	2일 학습	3일 학습	4일 학습	5일 학습
공부할 날	월 일	월 일	월 일	월 일	월 일

자릿수가 다른 소수의 뺄셈

• 1.6 − 0.72 계산하기

소수점끼리 맞추어 세로로 쓰고 같은 자리 수끼리 뺍니다.

같은 자리 수끼리 뺄 수 없으면 바로 윗자리에서 받아내림하여 계산해요.

• 3.22 − 1.8 계산하기

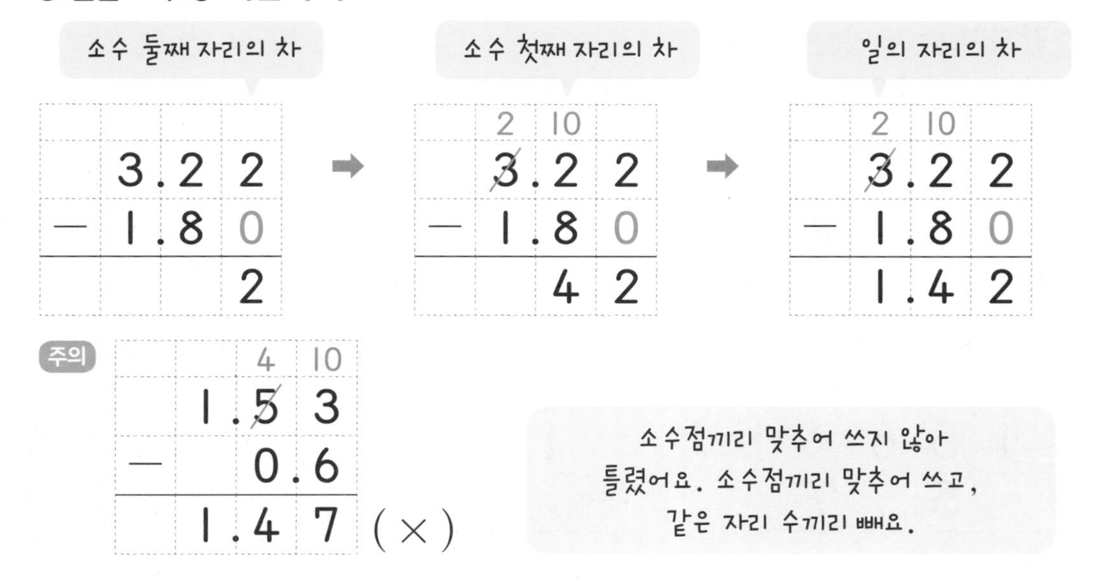

개념 쏙쏙 노트

• 자릿수가 다른 소수의 뺄셈

① 소수점끼리 맞추어 세로로 씁니다.

② 같은 자리 수끼리 빼고 소수점을 찍습니다.

1일 연습

자릿수가 다른 소수의 뺄셈

계산해 보세요.

1.
$$\begin{array}{r} 6.53 \\ -\ 1.3 \\ \hline \end{array}$$

2.
$$\begin{array}{r} 5.7 \\ -\ 2.12 \\ \hline \end{array}$$

3.
$$\begin{array}{r} 3.56 \\ -\ 3.1 \\ \hline \end{array}$$

4.
$$\begin{array}{r} 16.5 \\ -\ 11.72 \\ \hline \end{array}$$

5.
$$\begin{array}{r} 15.6 \\ -\ 5.77 \\ \hline \end{array}$$

6.
$$\begin{array}{r} 3.45 \\ -\ 0.422 \\ \hline \end{array}$$

7.
$$\begin{array}{r} 17.9 \\ -\ 5.67 \\ \hline \end{array}$$

8.
$$\begin{array}{r} 3.62 \\ -\ 1.8 \\ \hline \end{array}$$

9.
$$\begin{array}{r} 4.53 \\ -\ 1.137 \\ \hline \end{array}$$

10.
$$\begin{array}{r} 5.3 \\ -\ 2.125 \\ \hline \end{array}$$

11.
$$\begin{array}{r} 15.7 \\ -\ 3.85 \\ \hline \end{array}$$

12.
$$\begin{array}{r} 7.14 \\ -\ 1.3 \\ \hline \end{array}$$

13.
$$\begin{array}{r} 8.38 \\ -\ 3.7 \\ \hline \end{array}$$

14.
$$\begin{array}{r} 17.3 \\ -\ 3.34 \\ \hline \end{array}$$

15.
$$\begin{array}{r} 1.742 \\ -\ 0.55 \\ \hline \end{array}$$

16.
$$\begin{array}{r} 1.751 \\ -\ 0.57 \\ \hline \end{array}$$

17.
$$\begin{array}{r} 21.4 \\ -\ 10.52 \\ \hline \end{array}$$

18.
$$\begin{array}{r} 2.561 \\ -\ 1.3 \\ \hline \end{array}$$

계산해 보세요.

19. $3.6 - 1.43$

20. $4.2 - 0.351$

21. $4.5 - 1.16$

22. $2.76 - 1.5$

23. $3.61 - 1.314$

24. $8.74 - 6.2$

25. $1.56 - 0.284$

26. $13.51 - 7.9$

27. $23.4 - 3.35$

28. $5.1 - 3.33$

29. $4.319 - 1.6$

30. $3.2 - 1.783$

31. $6.67 - 2.4$

32. $7.8 - 3.65$

33. $6.3 - 3.668$

34. $9.72 - 3.556$

35. $6.37 - 4.3$

36. $5.331 - 4.87$

스스로 평가

2일 반복

자릿수가 다른 소수의 뺄셈

계산해 보세요.

1. $5.1 - 1.25$
2. $2.64 - 2.1$
3. $3.78 - 2.5$
4. $15.3 - 4.57$
5. $44.2 - 2.22$
6. $6.85 - 3.552$
7. $3.71 - 1.8$
8. $4.1 - 1.46$
9. $8.47 - 2.139$
10. $7.5 - 1.246$
11. $6.34 - 1.2$
12. $1.7 - 0.58$
13. $2.714 - 1.46$
14. $15.3 - 4.36$
15. $3.573 - 1.11$
16. $5.7 - 2.128$
17. $3.44 - 1.641$
18. $3.2 - 0.69$

계산해 보세요.

19 $5.4 - 3.61$

20 $4.75 - 3.1$

21 $1.63 - 0.422$

22 $1.3 - 0.53$

23 $4.882 - 3.9$

24 $5.31 - 4.3$

25 $9.4 - 5.83$

26 $5.03 - 3.394$

27 $35.2 - 3.66$

28 $6.13 - 2.324$

29 $6.27 - 4.5$

30 $2.1 - 1.15$

31 $4.2 - 2.76$

32 $9.6 - 5.323$

33 $36.7 - 5.89$

34 $8.9 - 7.34$

35 $7.23 - 2.394$

36 $5.3 - 1.347$

스스로 평가

자릿수가 다른 소수의 뺄셈

계산해 보세요.

1 $1.6-1.34$

6 $2.45-1.5$

11 $2.8-2.44$

2 $3.87-2.6$

7 $2.34-1.5$

12 $3.8-0.45$

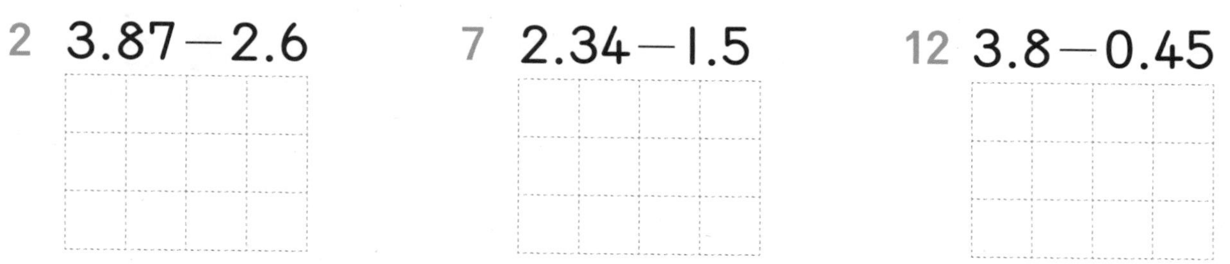

3 $15.3-3.66$

8 $3.613-1.79$

13 $12.7-3.86$

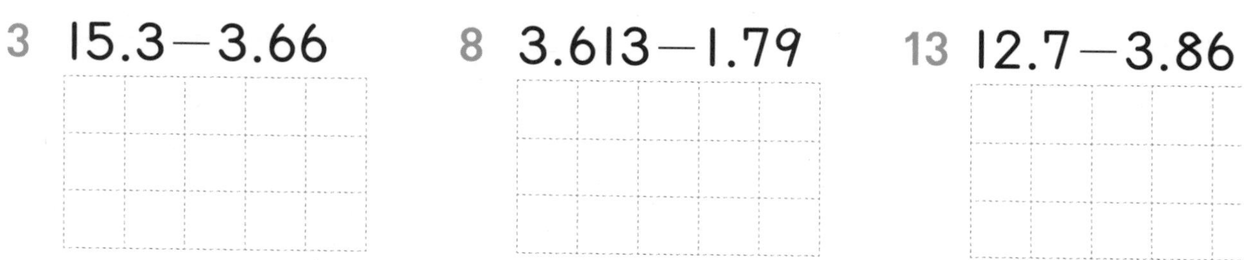

4 $2.643-1.56$

9 $6.4-1.837$

14 $4.381-2.65$

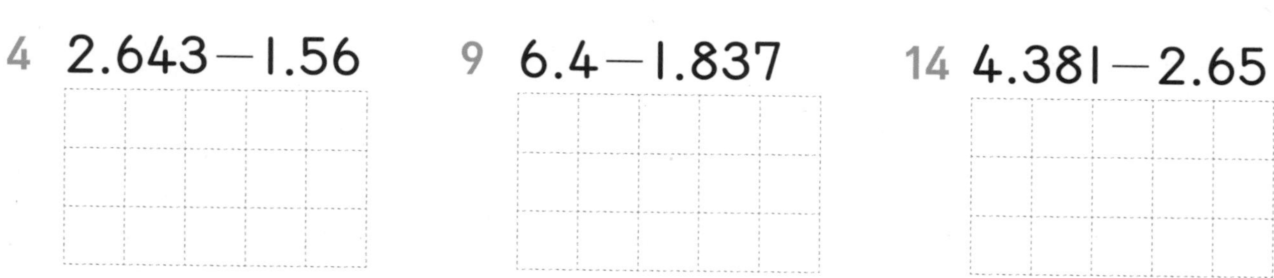
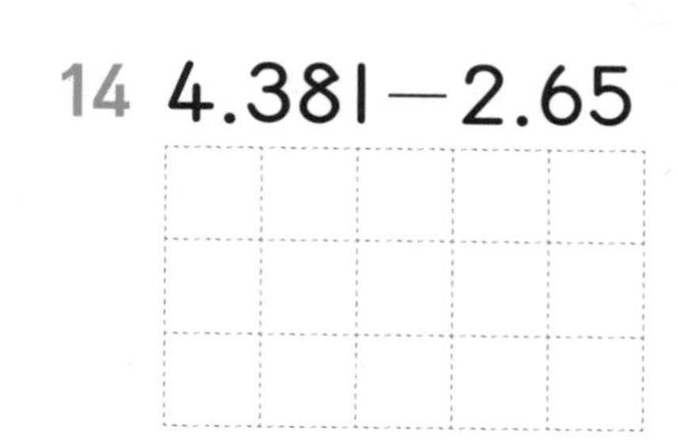

5 $1.8-0.246$

10 $4.49-2.109$

15 $2.4-1.382$

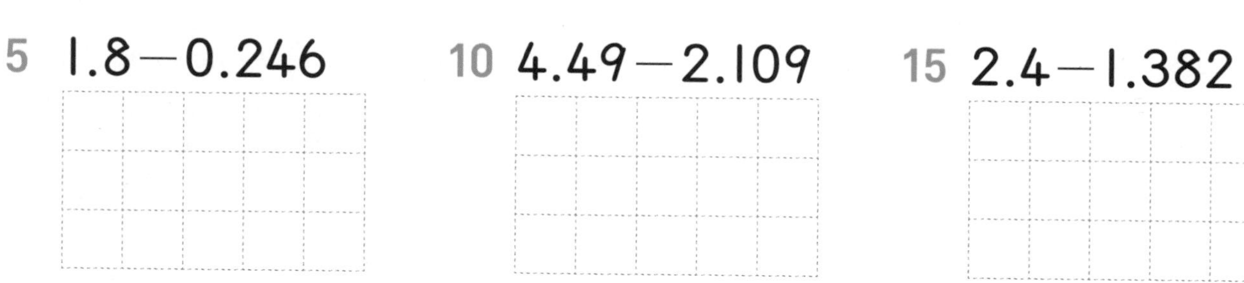
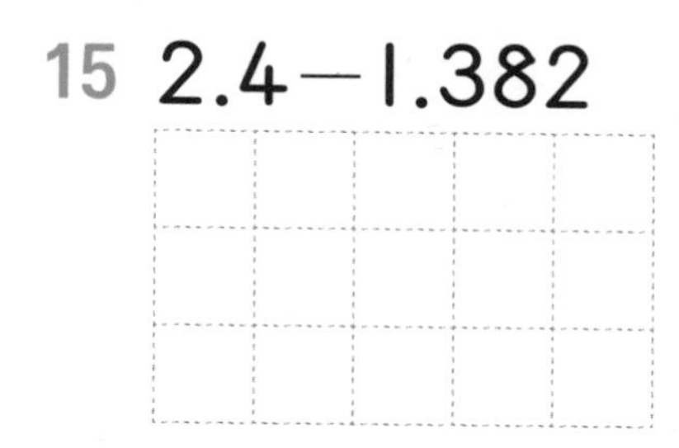

계산해 보세요.

16 $7.2-4.41$

17 $5.341-3.1$

18 $5.73-4.2$

19 $5.7-1.43$

20 $7.4-2.573$

21 $6.15-3.792$

22 $10.1-1.44$

23 $25.3-11.25$

24 $7.2-2.584$

25 $6.24-1.2$

26 $3.6-2.87$

27 $1.7-0.96$

28 $6.3-1.583$

29 $8.365-1.14$

30 $1.67-0.8$

31 $3.71-1.495$

32 $2.13-1.6$

33 $6.51-3.374$

34 $4.5-1.37$

35 $12.9-2.21$

36 $7.3-3.815$

스스로 평가

자릿수가 다른 소수의 뺄셈

계산해 보세요.

1 $3.8-2.75$

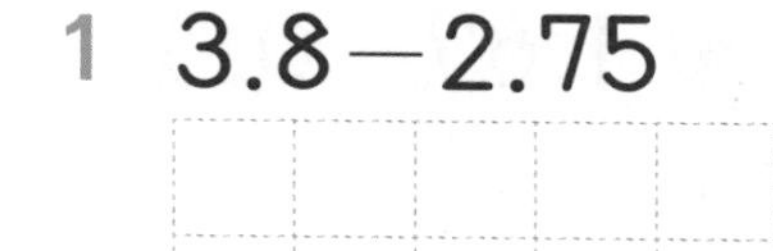

2 $7.38-2.3$

3 $5.5-1.472$

4 $6.24-1.4$

5 $8.45-6.4$

6 $3.2-1.645$

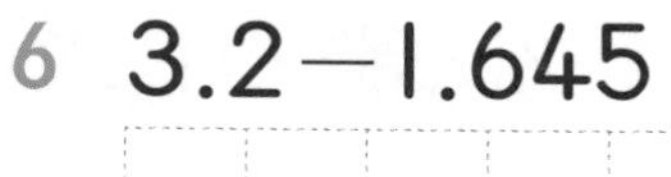

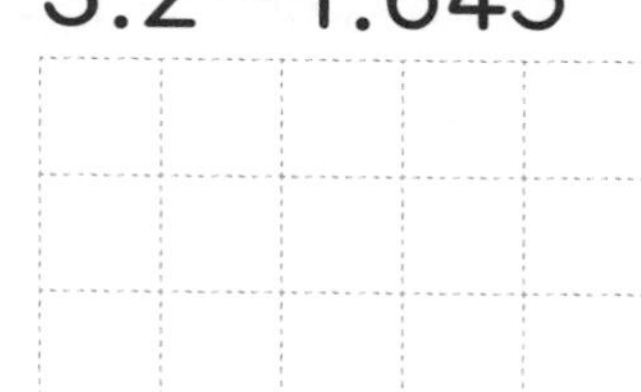

7 $8.2-3.37$

8 $5.12-1.172$

9 $17.7-2.48$

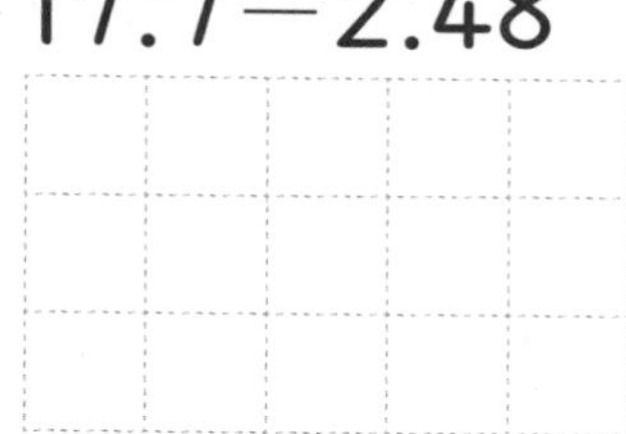

10 $6.5-2.45$

11 $9.24-4.586$

12 $7.51-3.4$

13 $3.6-2.74$

14 $5.631-3.27$

15 $16.7-2.47$

계산해 보세요.

16 $7.1-4.35$

17 $2.73-1.9$

18 $5.6-2.748$

19 $4.72-3.6$

20 $6.7-4.68$

21 $13.3-5.31$

22 $6.37-1.3$

23 $3.462-2.8$

24 $4.3-1.66$

25 $3.38-1.4$

26 $7.05-4.286$

27 $5.64-3.3$

28 $7.3-5.54$

29 $2.8-1.653$

30 $1.173-0.6$

31 $4.72-3.8$

32 $9.6-2.837$

33 $9.62-4.7$

34 $1.8-0.24$

35 $3.36-2.759$

36 $8.6-1.88$

스스로 평가

5일 응용 자릿수가 다른 소수의 뺄셈

□ 안에 알맞은 수를 써넣으세요.

1 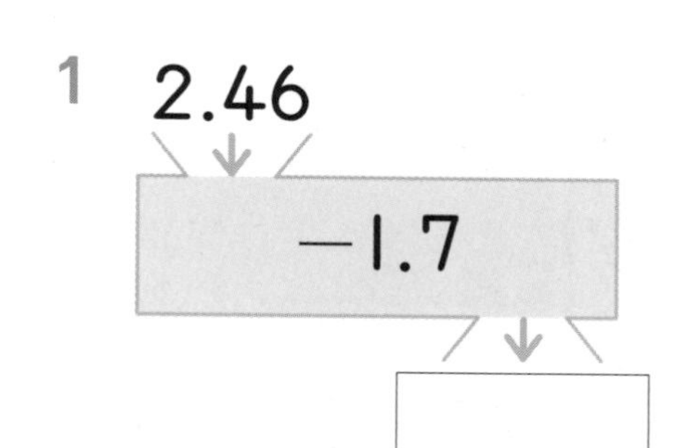

2 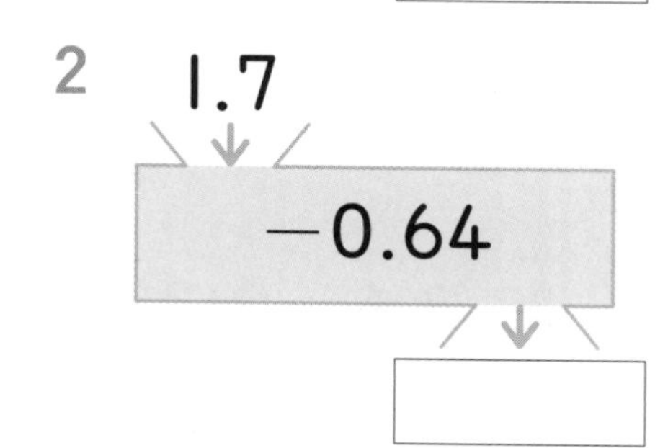

3 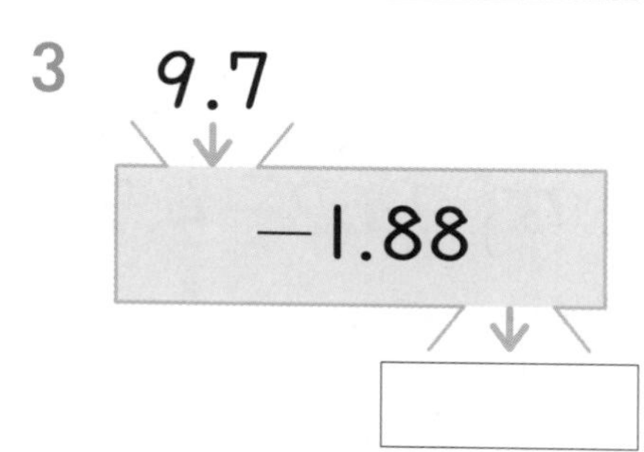

4 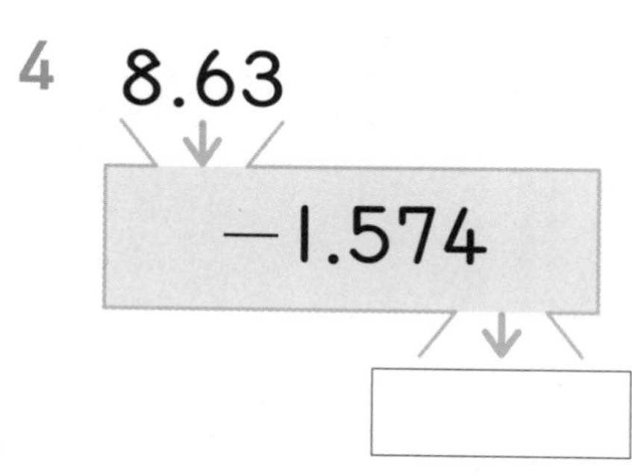

5 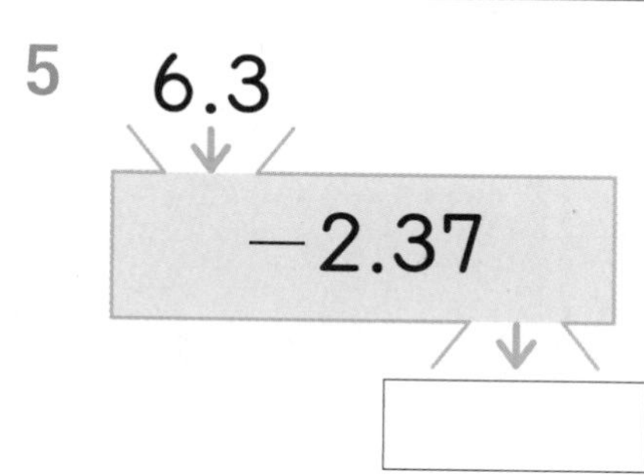

6 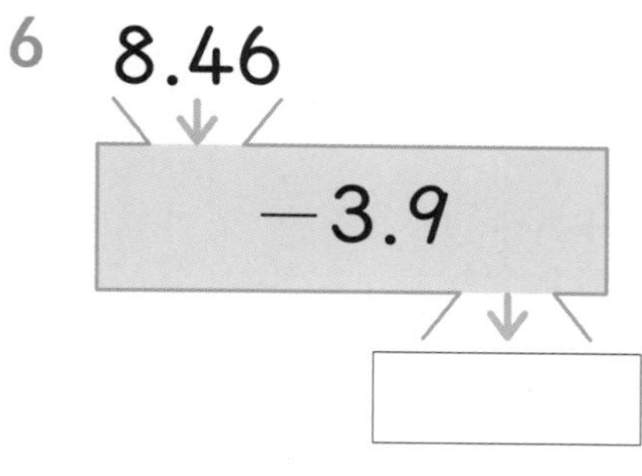

7 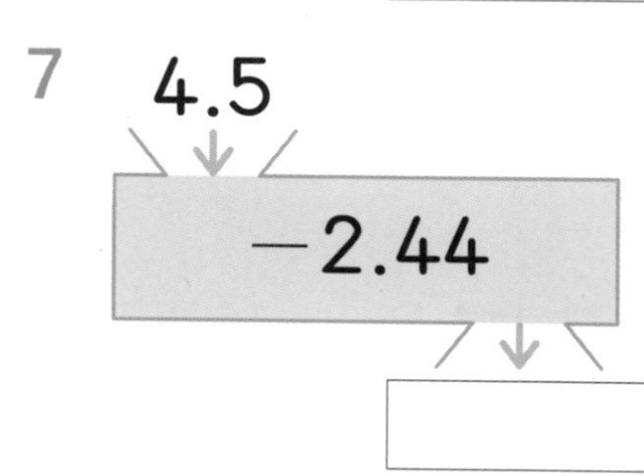

8 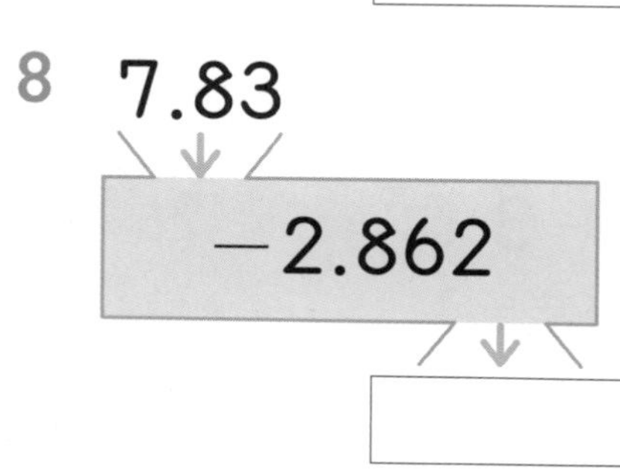

9 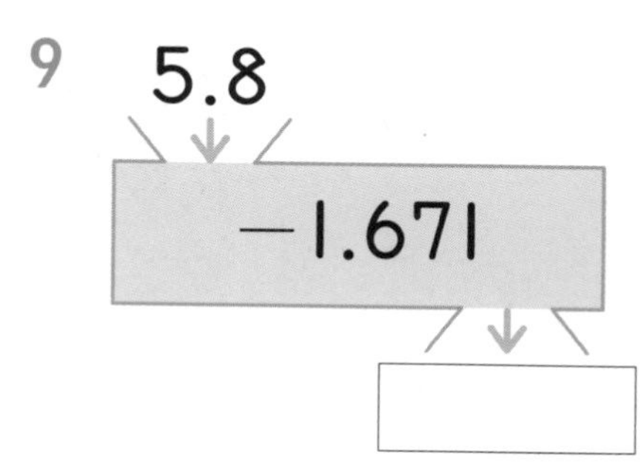

10 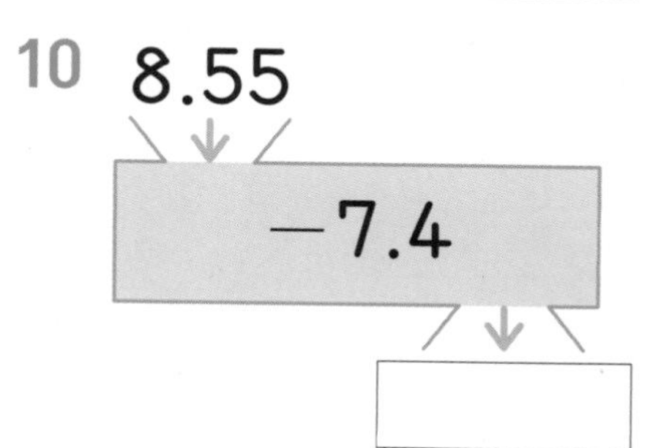

 빈 곳에 두 수의 차를 써넣으세요.

11

3.2	
1.54	

16

6.1	
3.457	

12

9.5	
11.52	

17

1.52	
0.8	

13

7.3	
2.074	

18

3.089	
1.56	

14

2.64	
8.3	

19

4.3	
0.83	

15

5.68	
3.7	

20

5.4	
2.63	

스스로 평가 

✎ 소수의 뺄셈을 하여 가방의 주인을 찾아 이어 보세요.

✎ 예준이와 친구들의 멀리뛰기 기록을 나타낸 것입니다. 기록을 보고 대화를 완성해 보세요.

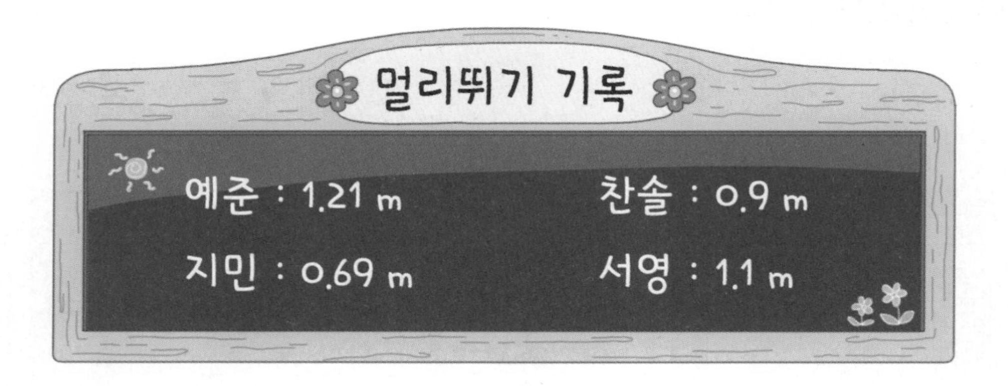

소수의 덧셈과 뺄셈

밀가루 2 kg이 있습니다. 케이크를 만드는 데 0.74 kg을 사용했다면 남은 밀가루는 몇 kg인가요?

전체 밀가루의 무게에서 케이크를 만드는 데 사용한 밀가루의 무게를 빼면 됩니다.

		9	
	1	~~10~~	10
	~~2~~.	~~0~~	0
−	0.	7	4
			6

➡

	1	9	10
	~~2~~.	~~0~~	0
−	0.	7	4
		2	6

➡

	1	9	10
	~~2~~.	~~0~~	0
−	0.	7	4
	1.	2	6

$$2-0.74=1.26$$

2−0.74=1.26이므로 케이크를 만들고 남은 밀가루는 1.26 kg이에요.

학습계획

일차	1일 학습	2일 학습	3일 학습	4일 학습	5일 학습
공부할 날	월 일	월 일	월 일	월 일	월 일

자릿수가 같은 소수의 덧셈

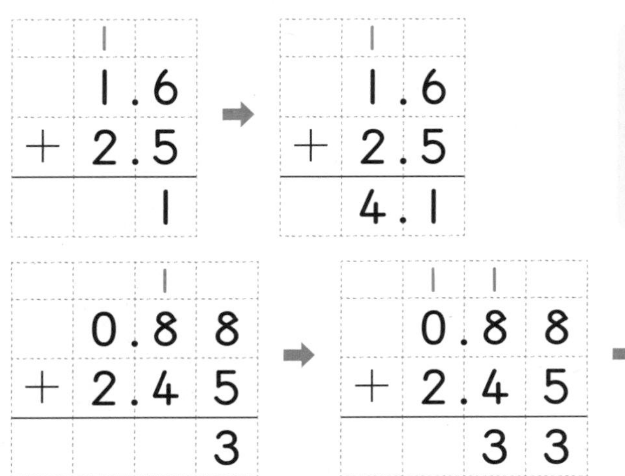

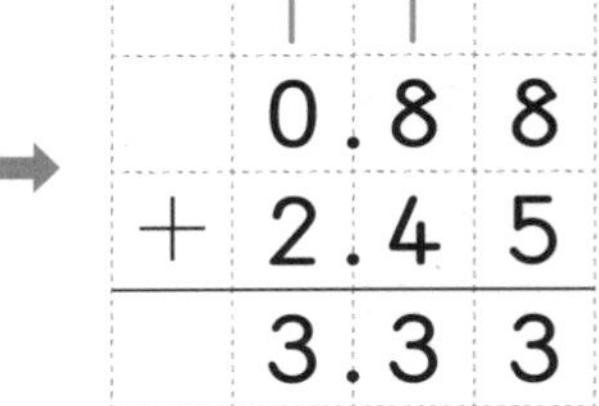

소수점끼리 맞추어 세로로 쓴 다음 같은 자리 수끼리 더해요. 이때 소수 첫째 자리 수끼리의 합이 10이거나 10보다 크면 일의 자리로 받아올림해요.

자릿수가 같은 소수의 뺄셈

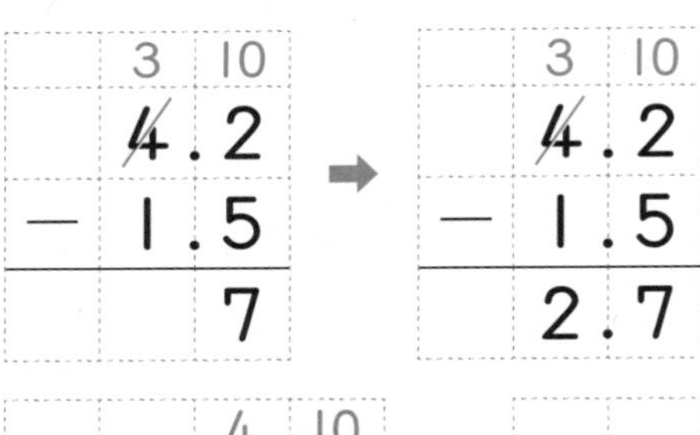

$3.52 - 1.16$ → 6

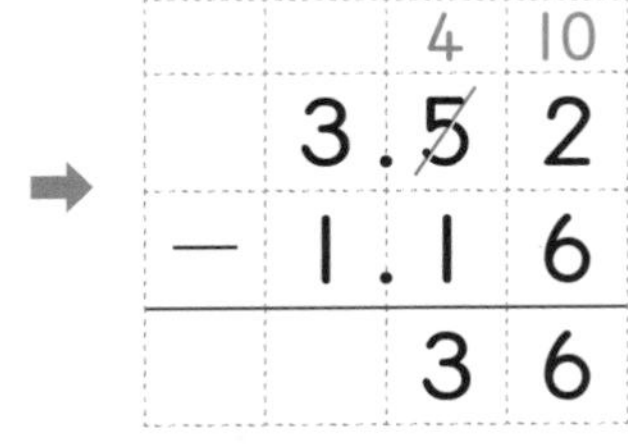

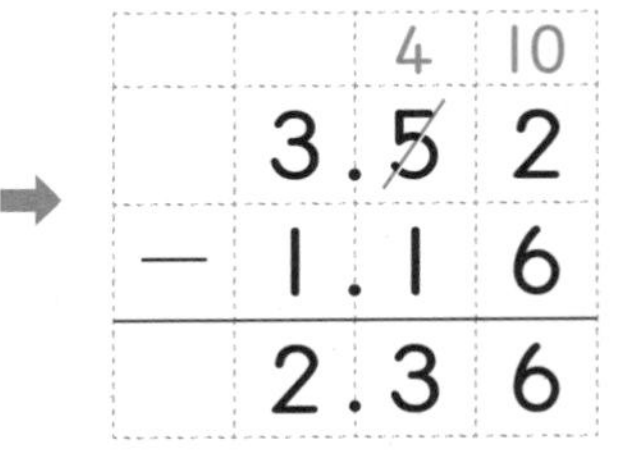

소수점끼리 맞추어 세로로 쓴 다음 같은 자리 수끼리 빼요. 이때 소수 첫째 자리 수끼리 뺄 수 없을 때에는 일의 자리에서 받아내림해요.

자릿수가 다른 소수의 덧셈과 뺄셈

$2.25 + 4.9 = 7.15$

$4.3 - 1.16 = 3.14$

소수점끼리 맞추어 자연수의 덧셈, 뺄셈과 같은 방법으로 계산한 후 소수점을 내려서 찍어요.

소수의 덧셈과 뺄셈

✎ 계산해 보세요.

1
$$\begin{array}{r} 0.3 \\ +\ 0.8 \\ \hline \end{array}$$

2
$$\begin{array}{r} 0.63 \\ -\ 0.52 \\ \hline \end{array}$$

3
$$\begin{array}{r} 36.9 \\ -\ 13.2 \\ \hline \end{array}$$

4
$$\begin{array}{r} 13.1 \\ -\ 12.5 \\ \hline \end{array}$$

5
$$\begin{array}{r} 16.6 \\ +\ 0.5 \\ \hline \end{array}$$

6
$$\begin{array}{r} 4 \\ -\ 0.3 \\ \hline \end{array}$$

7
$$\begin{array}{r} 3.4 \\ +\ 4.7 \\ \hline \end{array}$$

8
$$\begin{array}{r} 17.2 \\ +\ 11.4 \\ \hline \end{array}$$

9
$$\begin{array}{r} 7.92 \\ -\ 5.461 \\ \hline \end{array}$$

10
$$\begin{array}{r} 6.39 \\ +\ 2.74 \\ \hline \end{array}$$

11
$$\begin{array}{r} 17.2 \\ -\ 9.84 \\ \hline \end{array}$$

12
$$\begin{array}{r} 3.2 \\ -\ 1.281 \\ \hline \end{array}$$

13
$$\begin{array}{r} 3.612 \\ +\ 0.63 \\ \hline \end{array}$$

14
$$\begin{array}{r} 39.5 \\ +\ 8.62 \\ \hline \end{array}$$

15
$$\begin{array}{r} 4.12 \\ -\ 3.14 \\ \hline \end{array}$$

16
$$\begin{array}{r} 7.37 \\ +\ 19.21 \\ \hline \end{array}$$

17
$$\begin{array}{r} 4.781 \\ -\ 0.3 \\ \hline \end{array}$$

18
$$\begin{array}{r} 5.94 \\ +\ 3.72 \\ \hline \end{array}$$

계산해 보세요.

19
$$\begin{array}{r} 0.6 \\ +\ 0.3 \\ \hline \end{array}$$

20
$$\begin{array}{r} 0.7 \\ -\ 0.4 \\ \hline \end{array}$$

21
$$\begin{array}{r} 3.9 \\ -\ 2.1 \\ \hline \end{array}$$

22
$$\begin{array}{r} 1.2 \\ +\ 3.4 \\ \hline \end{array}$$

23
$$\begin{array}{r} 3.61 \\ +\ 7.42 \\ \hline \end{array}$$

24
$$\begin{array}{r} 0.512 \\ +\ 7.28 \\ \hline \end{array}$$

25
$$\begin{array}{r} 11.2 \\ -\ 10.8 \\ \hline \end{array}$$

26
$$\begin{array}{r} 1.74 \\ +\ 0.681 \\ \hline \end{array}$$

27
$$\begin{array}{r} 0.951 \\ +\ 0.68 \\ \hline \end{array}$$

28
$$\begin{array}{r} 3 \\ -\ 1.234 \\ \hline \end{array}$$

29
$$\begin{array}{r} 11.7 \\ +\ 29.8 \\ \hline \end{array}$$

30
$$\begin{array}{r} 0.691 \\ -\ 0.25 \\ \hline \end{array}$$

31
$$\begin{array}{r} 3.52 \\ -\ 0.681 \\ \hline \end{array}$$

32
$$\begin{array}{r} 5.41 \\ +\ 17.25 \\ \hline \end{array}$$

33
$$\begin{array}{r} 4.95 \\ +\ 2.712 \\ \hline \end{array}$$

34
$$\begin{array}{r} 11.25 \\ -\ 0.68 \\ \hline \end{array}$$

35
$$\begin{array}{r} 1.52 \\ -\ 0.695 \\ \hline \end{array}$$

36
$$\begin{array}{r} 2.25 \\ -\ 1.371 \\ \hline \end{array}$$

스스로 평가

2일 반복

소수의 덧셈과 뺄셈

계산해 보세요.

1. $0.9 + 0.3$

2. $3.8 + 2.3$

3. $3.5 - 2.7$

4. $7.83 - 5.2$

5. $7.2 + 4.8$

6. $6.912 - 5.4$

7. $4.81 + 16.2$

8. $5 - 1.47$

9. $11.25 + 3.7$

10. $6.38 + 15.21$

11. $9.25 - 1.631$

12. $6.3 + 3.7$

13. $17.2 - 15.3$

14. $8.25 - 0.957$

15. $4.94 + 5.1$

16. $6.94 - 3.25$

17. $6.2 + 7.34$

18. $12.04 - 3.81$

계산해 보세요.

19 $\begin{array}{r} 1.1 \\ +\ 0.8 \\ \hline \end{array}$

20 $\begin{array}{r} 0.9 \\ -\ 0.4 \\ \hline \end{array}$

21 $\begin{array}{r} 3.4 \\ +\ 2.7 \\ \hline \end{array}$

22 $\begin{array}{r} 11.2 \\ +\ 16.7 \\ \hline \end{array}$

23 $\begin{array}{r} 4.6 \\ -\ 2.3 \\ \hline \end{array}$

24 $\begin{array}{r} 8.7 \\ -\ 5.9 \\ \hline \end{array}$

25 $\begin{array}{r} 0.91 \\ +\ 4.78 \\ \hline \end{array}$

26 $\begin{array}{r} 11.2 \\ -\ 10.8 \\ \hline \end{array}$

27 $\begin{array}{r} 6.34 \\ +\ 3.58 \\ \hline \end{array}$

28 $\begin{array}{l} \ \ \ 9.25 \\ +\ 0.351 \\ \hline \end{array}$

29 $\begin{array}{l} \ \ \ 3 \\ -\ 1.295 \\ \hline \end{array}$

30 $\begin{array}{l} \ \ \ 1.25 \\ -\ 0.697 \\ \hline \end{array}$

31 $\begin{array}{r} 11.25 \\ -\ 3.8\ \ \\ \hline \end{array}$

32 $\begin{array}{l} \ \ \ 4.1 \\ +\ 0.35 \\ \hline \end{array}$

33 $\begin{array}{l} \ \ \ 4.5 \\ -\ 0.981 \\ \hline \end{array}$

34 $\begin{array}{r} 4.71 \\ +\ 19.2\ \ \\ \hline \end{array}$

35 $\begin{array}{r} 9.18 \\ +\ 11.25 \\ \hline \end{array}$

36 $\begin{array}{l} \ \ \ 4.56 \\ -\ 0.912 \\ \hline \end{array}$

10주

스스로 평가

3일 반복

소수의 덧셈과 뺄셈

 계산해 보세요.

1 $0.3+0.8$

6 $0.36-0.25$

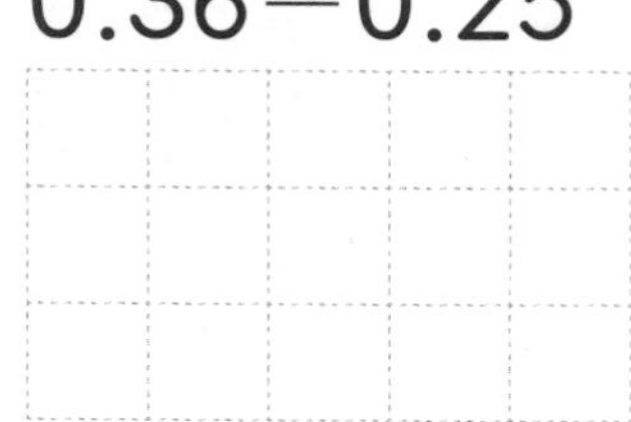

11 $3.72+0.7$

2 $6.7-3.2$

7 $0.48+11.2$

12 $19.78-6.84$

3 $11.2-10.2$

8 $4.9+11.7$

13 $0.412+3.25$

4 $0.6+1.1$

9 $3.812-2.5$

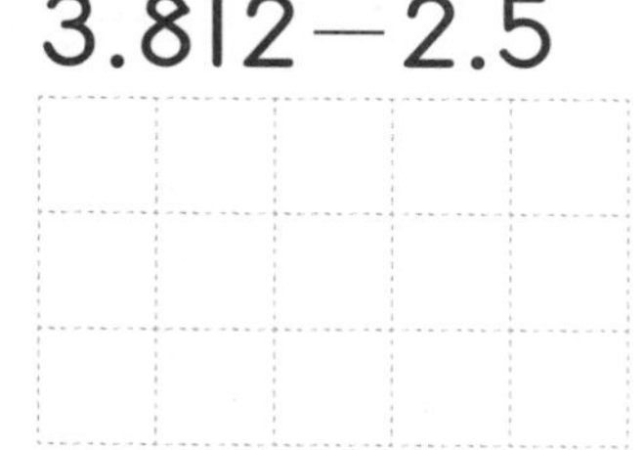

14 $5.4+6.72$

5 $8.2+3.6$

10 $3.21-1.981$

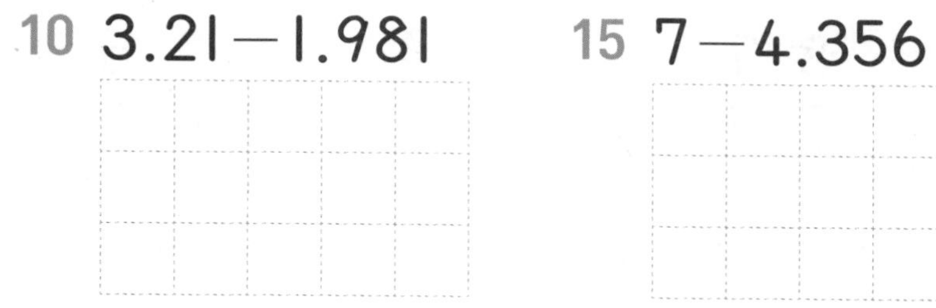

15 $7-4.356$

계산해 보세요.

16 $0.3+0.6$

17 $1.1-0.7$

18 $3.2-1.6$

19 $3.1+2.9$

20 $0.398+2.1$

21 $16.7-13.9$

22 $7-5.436$

23 $6.78+7.45$

24 $3.12+6.8$

25 $6.912-5.43$

26 $17.25-0.952$

27 $0.68+2.45$

28 $6.9+4.78$

29 $14.51-5.3$

30 $39.8+2.51$

31 $6.28-3.451$

32 $7.8-4.512$

33 $1.432+19.78$

34 $18.6-11.2$

35 $4.54+6.12$

36 $12-3.472$

스스로 평가

소수의 덧셈과 뺄셈

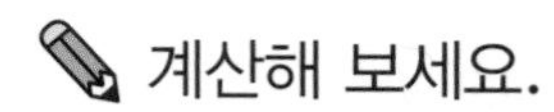

계산해 보세요.

1 $19.1+16.3$

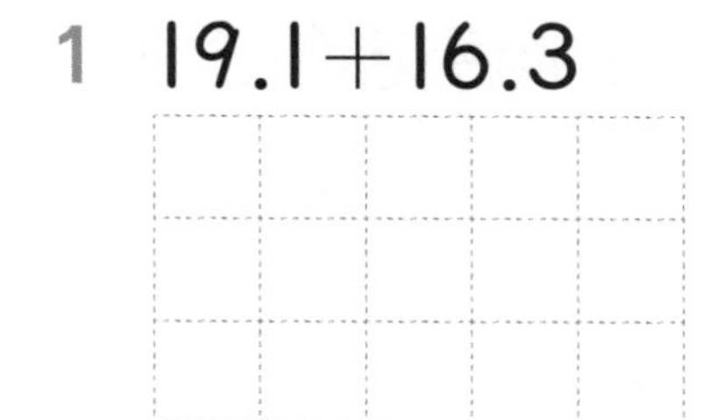

6 $6.24-3.51$

11 $4.98+2.546$

2 $1.7-1.5$

7 $5.41-4.981$

12 $51-39.25$

3 $3.61+2.54$

8 $6.98+7.21$

13 $4.81-0.954$

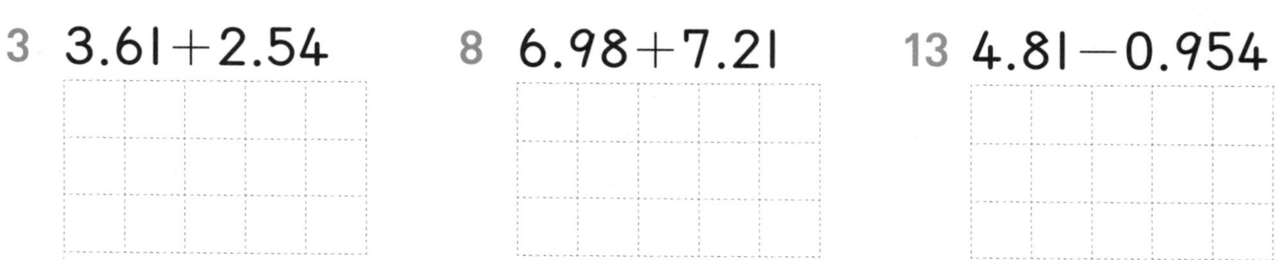

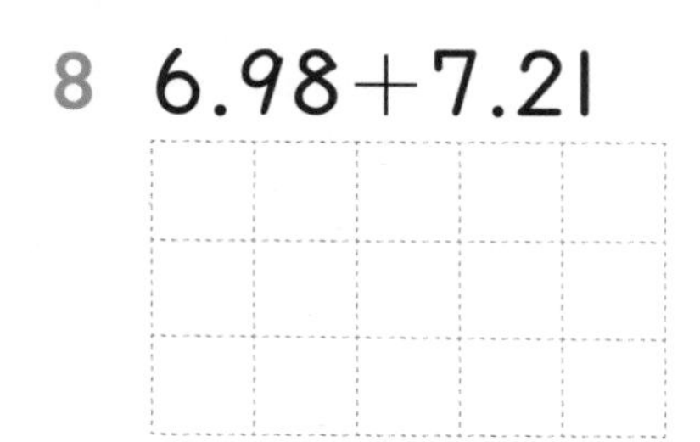

4 $0.634+0.891$

9 $3.98-3.69$

14 $17.8+31.4$

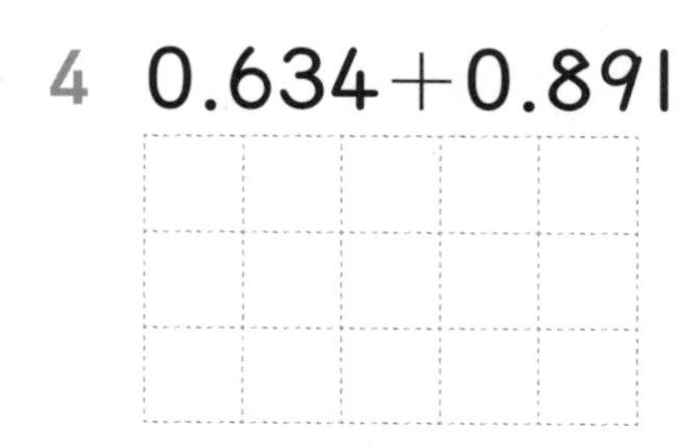

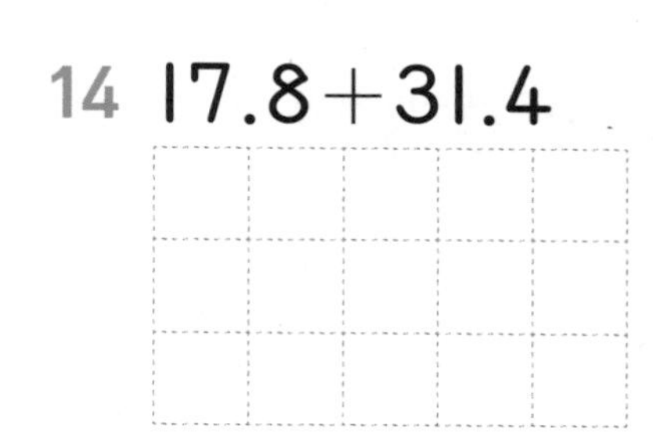

5 $0.351+0.27$

10 $17.25-9.08$

15 $6-0.312$

계산해 보세요.

16 $0.6+0.1$

17 $0.8-0.3$

18 $1.2-0.6$

19 $7.2+3.8$

20 $5.35-1.7$

21 $0.62+0.38$

22 $4.1+5.7$

23 $3-1.785$

24 $4.2+6.71$

25 $6.25+3.7$

26 $6.712-4.8$

27 $4.51-3.782$

28 $0.25+5.43$

29 $6.2-4.954$

30 $4.58+3.921$

31 $6.7+4.812$

32 $11.25-0.784$

33 $11.2+0.685$

34 $3.52-2.78$

35 $5-3.212$

36 $4.1+0.295$

스스로 평가

5일 응용 소수의 덧셈과 뺄셈

빈 곳에 알맞은 수를 써넣으세요.

1 $+0.8$

1.6	
2.73	

5 -2.34

4.2	
6.74	

2 $+2.7$

3.5	
0.78	

6 -0.3

1.5	
0.781	

3 $+0.9$

2.1	
1.79	

7 -0.352

5.34	
3	

4 $+7.2$

17.1	
6.95	

8 -0.69

3.9	
4.78	

빈 곳에 알맞은 수를 써넣으세요.

9

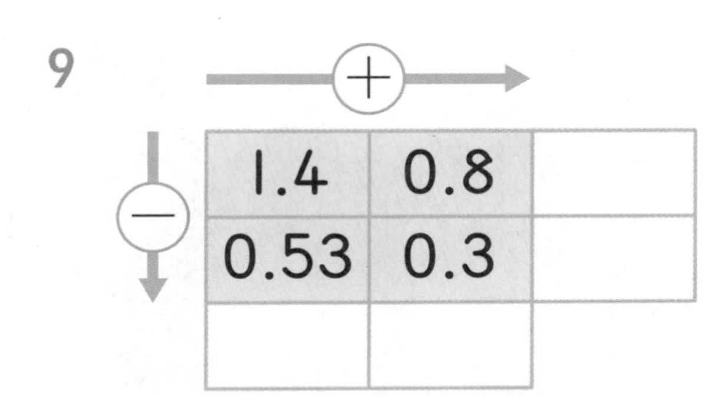

10

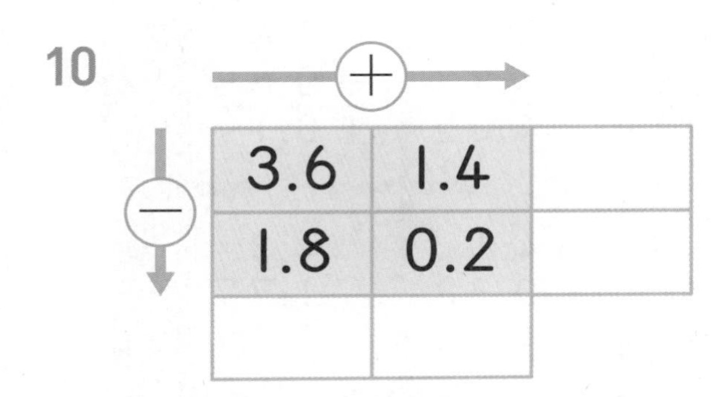

11

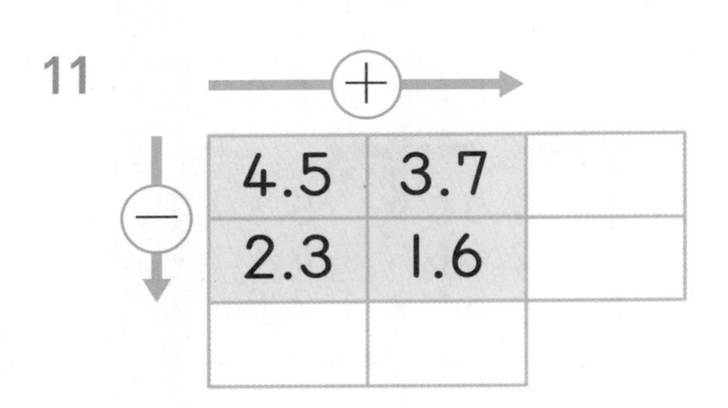

12

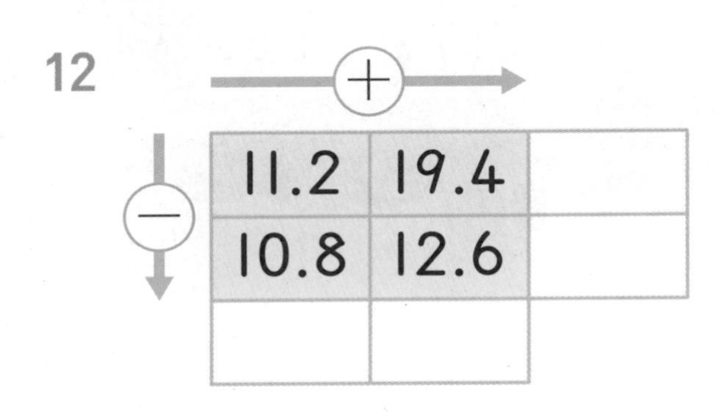

13

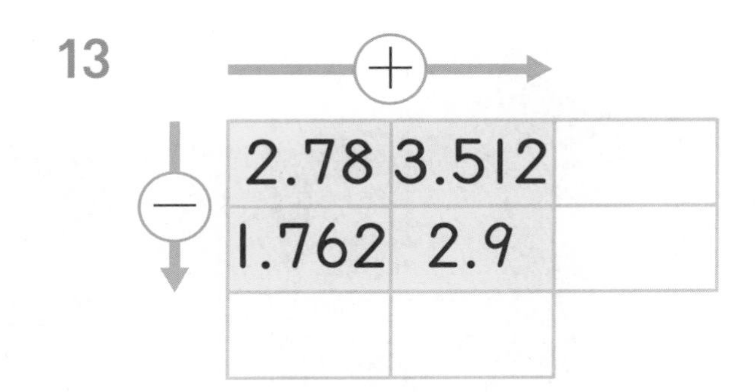

14

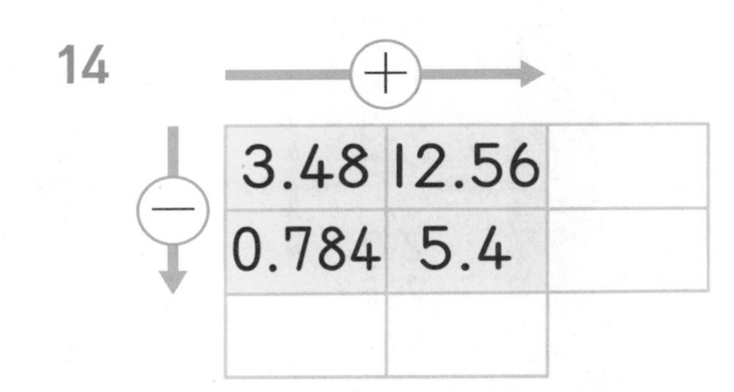

15

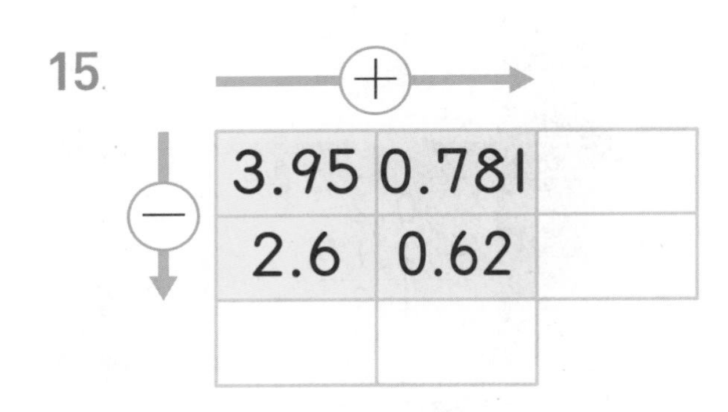

16

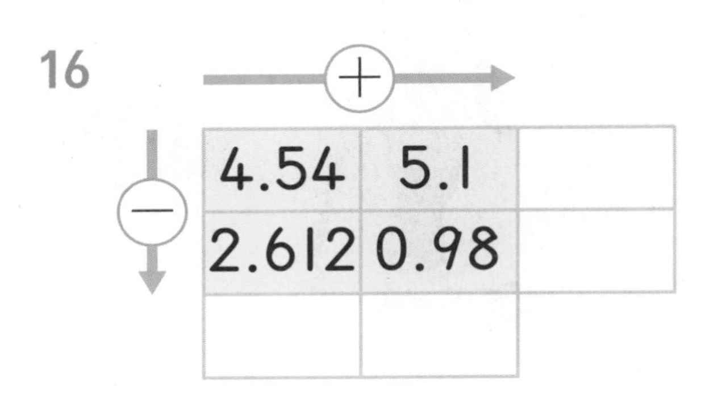

바르게 계산한 곳을 따라가면 집에 도착할 수 있습니다. 길을 찾아 선으로 이어 보세요.

✎ ★의 값이 다른 한 상자 안에 보물이 들어 있습니다. 보물이 들어 있는 상자를 찾아 ○표 하세요.

( ) ( ) ( )

8권 ǀ 분수와 소수의 덧셈과 뺄셈		일차	표준 시간	문제 개수
1주	분모가 같은 진분수의 덧셈	1일차	9분	36개
		2일차	9분	36개
		3일차	9분	36개
		4일차	9분	36개
		5일차	8분	22개
2주	분모가 같은 진분수의 뺄셈	1일차	9분	36개
		2일차	9분	36개
		3일차	9분	36개
		4일차	9분	36개
		5일차	8분	22개
3주	분모가 같은 대분수의 덧셈	1일차	10분	36개
		2일차	10분	36개
		3일차	10분	36개
		4일차	10분	36개
		5일차	8분	18개
4주	분모가 같은 대분수의 뺄셈	1일차	10분	36개
		2일차	10분	36개
		3일차	10분	36개
		4일차	10분	36개
		5일차	12분	18개
5주	분모가 같은 분수의 덧셈과 뺄셈	1일차	12분	36개
		2일차	12분	36개
		3일차	12분	36개
		4일차	12분	36개
		5일차	8분	18개
6주	자릿수가 같은 소수의 덧셈	1일차	9분	36개
		2일차	9분	36개
		3일차	10분	36개
		4일차	10분	36개
		5일차	10분	18개
7주	자릿수가 같은 소수의 뺄셈	1일차	9분	36개
		2일차	9분	36개
		3일차	10분	36개
		4일차	10분	36개
		5일차	8분	20개
8주	자릿수가 다른 소수의 덧셈	1일차	11분	36개
		2일차	11분	36개
		3일차	12분	36개
		4일차	12분	36개
		5일차	10분	20개
9주	자릿수가 다른 소수의 뺄셈	1일차	11분	36개
		2일차	11분	36개
		3일차	12분	36개
		4일차	12분	36개
		5일차	10분	20개
10주	소수의 덧셈과 뺄셈	1일차	12분	36개
		2일차	12분	36개
		3일차	14분	36개
		4일차	14분	36개
		5일차	18분	16개

1일 10분
초등 메가
계산력

1일 10분
초등 메가
계산력

자기 주도 학습력을 높이는
1일 10분 습관의 힘

1일 10분 초등 메가 계산력

분수와 소수의 덧셈과 뺄셈

정답

메가스터디BOOKS

자기 주도 학습력을 높이는
1일 10분 습관의 힘

1일 10분

초등 메가 계산력

8권

초등 4학년

분수와 소수의 덧셈과 뺄셈

정답

메가 계산력 이것이 다릅니다!

수학, 왜 어려워할까요?

자연수

쉽게 느끼는 영역	어렵게 느끼는 영역
작은 수	큰 수
덧셈	뺄셈
덧셈, 뺄셈	곱셈, 나눗셈
곱셈	나눗셈
세 수의 덧셈, 세 수의 뺄셈	세 수의 덧셈과 뺄셈 혼합 계산
사칙연산의 혼합 계산	괄호를 포함한 혼합 계산

분수와 소수

쉽게 느끼는 영역	어렵게 느끼는 영역
배수	약수
통분	약분
소수의 덧셈, 뺄셈	분수의 덧셈, 뺄셈
분수의 곱셈, 나눗셈	소수의 곱셈, 나눗셈
분수의 곱셈과 나눗셈의 혼합계산	소수의 곱셈과 나눗셈의 혼합계산
사칙연산의 혼합 계산	괄호를 포함한 혼합 계산

아이들은 수와 연산을 습득하면서 나름의 난이도 기준이 생깁니다. 이때 '수학은 어려운 과목 또는 지루한 과목'이라는 덫에 한번 걸리면 트라우마가 되어 그 덫에서 벗어나기가 굉장히 어려워집니다.

"수학의 기본인 계산력이 부족하기 때문입니다."

계산력, "플로 스몰 스텝"으로 키운다!

1일 10분 초등 메가 계산력은 반복 학습 시스템 **"플로 스몰 스텝(flow small step)"**으로 구성하였습니다. **"플로 스몰 스텝(flow small step)"**이란, 학습 내용을 잘게 쪼개어 자연스럽게 단계를 밟아가며 학습하도록 하는 프로그램입니다. 이 방식에 따라 학습하다 보면 난이도가 높아지더라도 크게 어려움을 느끼지 않으면서 수학의 개념과 원리를 자연스럽게 깨우치게 되고, 수학을 어렵거나 지루한 과목이라고 느끼지 않게 됩니다.

1. 매일 꾸준히 하는 것이 중요합니다.

자전거 타는 방법을 한번 익히면 잘 잊어버리지 않습니다. 이것을 우리는 '체화되었다'라고 합니다. 자전거를 잘 타게 될 때까지 매일 넘어지고, 다시 달리고를 반복하기 때문입니다. 계산력도 마찬가지입니다.

계산의 원리와 순서를 이해해도 꾸준히 학습하지 않으면 바로 잊어버리기 쉽습니다. 계산을 잘하는 아이들은 문제 풀이 속도도 빠르고, 실수도 적습니다. 그것은 단기간에 얻을 수 있는 결과가 아닙니다. 지금 현재 잘하는 것처럼 보인다고 시간이 흐른 후에도 잘하는 것이 아닙니다. 자전거 타기가 완전히 체화되어서 자연스럽게 달리고 멈추기를 실수 없이 하게 될 때까지 매일 연습하듯, 계산력도 매일 꾸준히 연습해서 단련해야 합니다.

2. 빠른 것보다 정확하게 푸는 것이 중요합니다!

초등 교과 과정의 수학 교과서 "수와 연산" 영역에서는 문제에 대한 다양한 풀이법을 요구하고 있습니다. 왜 그럴까요?

기계적인 단순 반복 계산 훈련을 막기 위해서라기보다 더욱 빠르고 정확하게 문제를 해결하는 계산력 향상을 위해서입니다. 빠르고 정확한 계산을 하는 셈 방법에는 머리셈과 필산이 있습니다. 이제까지의 계산력 훈련으로는 손으로 직접 쓰는 필산만이 중요시되었습니다. 하지만 새 교육과정에서는 필산과 함께 머리셈을 더욱 강조하고 있으며 아이들에게도 이는 재미있는 도전이 될 것입니다. 그렇다고 해서 머리셈을 위한 계산 개념을 따로 공부해야 하는 것이 아닙니다. 체계적인 흐름에 따라 문제를 풀면서 자연스럽게 습득할 수 있어야 합니다.

초등 교과 과정에 맞춰 체계화된 1일 10분 초등 메가 계산력의
"플로 스몰 스텝(flow small step)" 프로그램으로 계산력을 키워 주세요.

계산력 향상은 중 · 고등 수학까지 연결되는 사고력 확장의 단단한 바탕입니다.

정답 1주 분모가 같은 진분수의 덧셈

1일

6쪽

1	$\frac{3}{5}$	7	$\frac{11}{17}$	13	$\frac{17}{18}$
2	$\frac{5}{7}$	8	$\frac{18}{20}$	14	$\frac{21}{24}$
3	$\frac{4}{9}$	9	$\frac{7}{8}$	15	$\frac{9}{15}$
4	$\frac{10}{11}$	10	$\frac{18}{23}$	16	$\frac{17}{21}$
5	$\frac{9}{13}$	11	$\frac{23}{29}$	17	$\frac{26}{32}$
6	$\frac{5}{6}$	12	$\frac{11}{14}$	18	$\frac{16}{19}$

7쪽

19	$1\frac{4}{7}$	25	$1\frac{5}{12}$	31	1
20	$1\frac{1}{5}$	26	$1\frac{1}{25}$	32	$1\frac{6}{16}$
21	$1\frac{2}{6}$	27	$1\frac{5}{29}$	33	$1\frac{3}{22}$
22	$1\frac{1}{11}$	28	$1\frac{3}{10}$	34	$1\frac{3}{13}$
23	$1\frac{3}{15}$	29	$1\frac{1}{35}$	35	$1\frac{6}{27}$
24	$1\frac{6}{19}$	30	$1\frac{2}{39}$	36	$1\frac{10}{30}$

2일

8쪽

1	$\frac{4}{7}$	7	$1\frac{1}{3}$	13	$1\frac{5}{15}$
2	$\frac{5}{8}$	8	$\frac{9}{10}$	14	$1\frac{5}{22}$
3	$\frac{10}{11}$	9	$\frac{8}{17}$	15	$\frac{21}{29}$
4	$\frac{11}{13}$	10	$1\frac{8}{25}$	16	$\frac{5}{6}$
5	$\frac{15}{21}$	11	$1\frac{3}{14}$	17	$1\frac{2}{5}$
6	$\frac{20}{28}$	12	$\frac{28}{30}$	18	$\frac{35}{42}$

9쪽

19	$\frac{4}{5}$	25	$1\frac{4}{11}$	31	$\frac{11}{12}$
20	$1\frac{2}{10}$	26	$1\frac{1}{4}$	32	$\frac{17}{20}$
21	$1\frac{2}{7}$	27	$\frac{12}{13}$	33	$1\frac{2}{8}$
22	$1\frac{7}{18}$	28	$1\frac{3}{24}$	34	$\frac{29}{32}$
23	1	29	$1\frac{3}{21}$	35	$1\frac{4}{15}$
24	$\frac{11}{16}$	30	$\frac{25}{27}$	36	$\frac{16}{40}$

3일

10쪽

1	$\frac{3}{8}$	7	$1\frac{2}{5}$	13	$\frac{9}{16}$
2	$\frac{9}{10}$	8	$1\frac{7}{25}$	14	$1\frac{2}{6}$
3	$1\frac{3}{12}$	9	$1\frac{2}{11}$	15	$\frac{11}{24}$
4	$1\frac{4}{15}$	10	$1\frac{3}{9}$	16	$1\frac{12}{19}$
5	$1\frac{2}{20}$	11	$\frac{15}{18}$	17	$\frac{33}{36}$
6	1	12	$\frac{25}{32}$	18	$\frac{42}{44}$

11쪽

19	$\frac{2}{3}$	25	$1\frac{5}{7}$	31	$1\frac{12}{30}$
20	$\frac{18}{20}$	26	$\frac{5}{6}$	32	$\frac{12}{17}$
21	$\frac{25}{43}$	27	$1\frac{7}{15}$	33	$1\frac{3}{7}$
22	$1\frac{1}{10}$	28	$1\frac{4}{18}$	34	$1\frac{4}{50}$
23	$1\frac{4}{13}$	29	1	35	$1\frac{8}{36}$
24	$1\frac{5}{8}$	30	$\frac{15}{19}$	36	$1\frac{6}{28}$

4일

12쪽

1 $\frac{3}{8}$
2 $\frac{9}{16}$
3 $\frac{12}{18}$
4 $1\frac{4}{23}$
5 $1\frac{7}{12}$
6 $1\frac{15}{30}$
7 $\frac{7}{9}$
8 $1\frac{2}{26}$
9 $1\frac{3}{14}$
10 $1\frac{1}{5}$
11 $\frac{27}{34}$
12 $1\frac{8}{28}$
13 $1\frac{8}{31}$
14 $\frac{14}{15}$
15 $1\frac{8}{17}$
16 $\frac{39}{40}$
17 $\frac{35}{42}$
18 $1\frac{5}{35}$

13쪽

19 $\frac{5}{9}$
20 $\frac{9}{15}$
21 $\frac{12}{16}$
22 $1\frac{10}{24}$
23 $\frac{19}{28}$
24 1
25 $1\frac{3}{6}$
26 $1\frac{9}{13}$
27 $1\frac{2}{32}$
28 $\frac{19}{20}$
29 $1\frac{9}{17}$
30 $\frac{18}{29}$
31 $1\frac{6}{13}$
32 $\frac{15}{41}$
33 $\frac{24}{25}$
34 $1\frac{4}{36}$
35 $1\frac{1}{23}$
36 $\frac{34}{40}$

5일

14쪽

1 $\frac{4}{5}$
2 $\frac{5}{7}$
3 $\frac{10}{11}$
4 $\frac{7}{13}$
5 $\frac{12}{22}$
6 $\frac{6}{8}$
7 $1\frac{3}{20}$
8 $\frac{12}{15}$
9 $1\frac{2}{25}$
10 $\frac{22}{27}$

15쪽

11 $1\frac{1}{7}$
12 $\frac{3}{4}$
13 $1\frac{5}{8}$
14 $1\frac{5}{13}$
15 $\frac{17}{19}$
16 $\frac{19}{22}$
17 $1\frac{1}{30}$
18 $\frac{34}{42}$
19 $1\frac{2}{27}$
20 $\frac{29}{35}$
21 $\frac{10}{17}$
22 $1\frac{8}{23}$

생각수학

16쪽

$\frac{3}{12}+\frac{5}{12}$ $\frac{1}{12}+\frac{6}{12}$ $\frac{7}{12}+\frac{2}{12}$

$\frac{7}{12}$ $\frac{8}{12}$ $\frac{9}{12}$

$\frac{4}{12}+\frac{5}{12}$ $\frac{3}{12}+\frac{4}{12}$ $\frac{6}{12}+\frac{2}{12}$

17쪽

정답 2주 분모가 같은 진분수의 뺄셈

1일

20쪽

1	$\frac{4}{7}$	7	$\frac{2}{13}$	13	$\frac{4}{27}$
2	$\frac{16}{19}$	8	$\frac{8}{41}$	14	$\frac{2}{9}$
3	$\frac{4}{8}$	9	$\frac{1}{5}$	15	$\frac{2}{25}$
4	$\frac{1}{6}$	10	$\frac{6}{23}$	16	$\frac{2}{10}$
5	$\frac{3}{9}$	11	$\frac{1}{11}$	17	$\frac{9}{31}$
6	$\frac{4}{17}$	12	$\frac{7}{29}$	18	$\frac{8}{19}$

21쪽

19	$\frac{3}{5}$	25	$\frac{13}{15}$	31	$\frac{2}{13}$
20	$\frac{2}{9}$	26	$\frac{9}{19}$	32	$\frac{5}{16}$
21	$\frac{3}{7}$	27	$\frac{6}{8}$	33	$\frac{9}{14}$
22	$\frac{2}{4}$	28	$\frac{7}{12}$	34	$\frac{11}{20}$
23	$\frac{2}{3}$	29	$\frac{4}{11}$	35	$\frac{9}{18}$
24	$\frac{7}{10}$	30	$\frac{3}{6}$	36	$\frac{15}{27}$

2일

22쪽

1	$\frac{2}{4}$	7	$\frac{3}{12}$	13	$\frac{8}{13}$
2	$\frac{4}{7}$	8	$\frac{7}{19}$	14	$\frac{3}{15}$
3	$\frac{3}{13}$	9	$\frac{12}{20}$	15	$\frac{2}{16}$
4	$\frac{3}{17}$	10	$\frac{1}{21}$	16	$\frac{12}{17}$
5	$\frac{4}{9}$	11	$\frac{20}{22}$	17	$\frac{2}{18}$
6	$\frac{4}{11}$	12	$\frac{3}{31}$	18	$\frac{5}{8}$

23쪽

19	$\frac{1}{21}$	25	$\frac{5}{27}$	31	$\frac{20}{41}$
20	$\frac{8}{31}$	26	$\frac{11}{16}$	32	$\frac{6}{36}$
21	$\frac{3}{29}$	27	$\frac{8}{39}$	33	$\frac{4}{11}$
22	$\frac{15}{23}$	28	$\frac{9}{36}$	34	$\frac{14}{21}$
23	$\frac{4}{17}$	29	$\frac{15}{43}$	35	$\frac{7}{19}$
24	$\frac{7}{25}$	30	$\frac{3}{37}$	36	$\frac{6}{27}$

3일

24쪽

1	$\frac{2}{6}$	7	$\frac{4}{16}$	13	$\frac{3}{9}$
2	$\frac{4}{11}$	8	$\frac{6}{17}$	14	$\frac{21}{25}$
3	$\frac{18}{29}$	9	$\frac{2}{16}$	15	$\frac{7}{31}$
4	$\frac{8}{36}$	10	$\frac{8}{21}$	16	$\frac{4}{19}$
5	$\frac{23}{49}$	11	$\frac{4}{26}$	17	$\frac{10}{42}$
6	$\frac{12}{14}$	12	$\frac{2}{15}$	18	$\frac{10}{36}$

25쪽

19	$\frac{2}{34}$	25	$\frac{8}{21}$	31	$\frac{2}{17}$
20	$\frac{5}{20}$	26	$\frac{9}{39}$	32	$\frac{2}{29}$
21	$\frac{3}{6}$	27	$\frac{8}{43}$	33	$\frac{8}{32}$
22	$\frac{3}{13}$	28	$\frac{19}{28}$	34	$\frac{2}{16}$
23	$\frac{2}{30}$	29	$\frac{5}{15}$	35	$\frac{15}{32}$
24	$\frac{1}{43}$	30	$\frac{2}{21}$	36	$\frac{5}{16}$

4일

26쪽

번호	답	번호	답	번호	답
1	$\frac{5}{17}$	7	$\frac{3}{21}$	13	$\frac{2}{36}$
2	$\frac{5}{13}$	8	$\frac{10}{34}$	14	$\frac{14}{43}$
3	$\frac{4}{9}$	9	$\frac{4}{16}$	15	$\frac{22}{26}$
4	$\frac{16}{17}$	10	$\frac{6}{32}$	16	$\frac{5}{31}$
5	$\frac{8}{41}$	11	$\frac{5}{41}$	17	$\frac{10}{43}$
6	$\frac{3}{18}$	12	$\frac{7}{31}$	18	$\frac{22}{26}$

27쪽

번호	답	번호	답	번호	답
19	$\frac{9}{34}$	25	$\frac{7}{32}$	31	$\frac{6}{17}$
20	$\frac{2}{16}$	26	$\frac{8}{41}$	32	$\frac{6}{38}$
21	$\frac{9}{13}$	27	$\frac{12}{34}$	33	$\frac{4}{40}$
22	$\frac{6}{27}$	28	$\frac{4}{39}$	34	$\frac{19}{29}$
23	$\frac{5}{30}$	29	$\frac{13}{40}$	35	$\frac{3}{11}$
24	$\frac{18}{26}$	30	$\frac{2}{13}$	36	$\frac{5}{31}$

5일

28쪽

번호	답	번호	답
1	$\frac{5}{7}$	7	$\frac{15}{29}$
2	$\frac{3}{9}$	8	$\frac{6}{16}$
3	$\frac{11}{13}$	9	$\frac{3}{19}$
4	$\frac{3}{17}$	10	$\frac{10}{26}$
5	$\frac{4}{14}$	11	$\frac{5}{30}$
6	$\frac{13}{31}$	12	$\frac{6}{21}$

29쪽

번호	답	번호	답
13	$\frac{9}{15}$	18	$\frac{13}{20}$
14	$\frac{4}{16}$	19	$\frac{10}{15}$
15	$\frac{8}{18}$	20	$\frac{12}{21}$
16	$\frac{10}{40}$	21	$\frac{4}{35}$
17	$\frac{6}{9}$	22	$\frac{3}{19}$

생각 수학

30쪽

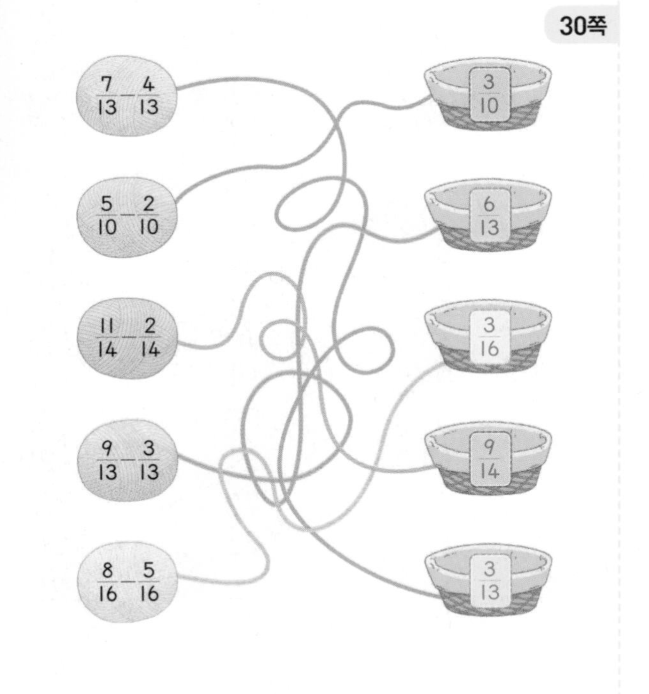

31쪽

어제 먹고 남은 도토리 : $1-\frac{\boxed{1}}{6}=\frac{\boxed{5}}{\boxed{6}}$ (kg)

오늘 먹고 남은 도토리 : $\frac{\boxed{5}}{\boxed{6}}-\frac{3}{6}=\frac{\boxed{2}}{\boxed{6}}$ (kg)

정답 3주 분모가 같은 대분수의 덧셈

1일

34쪽

1. $6\frac{5}{7}$
2. $6\frac{3}{4}$
3. $7\frac{6}{8}$
4. $7\frac{10}{14}$
5. $11\frac{7}{21}$
6. $11\frac{10}{27}$
7. $12\frac{7}{17}$
8. $5\frac{13}{23}$
9. $6\frac{9}{12}$
10. $7\frac{14}{19}$
11. $7\frac{9}{11}$
12. $9\frac{8}{24}$
13. $9\frac{28}{31}$
14. $9\frac{10}{15}$
15. $9\frac{16}{20}$
16. $5\frac{13}{14}$
17. $6\frac{13}{16}$
18. $4\frac{22}{29}$

35쪽

19. $6\frac{1}{8}$
20. $10\frac{4}{17}$
21. $10\frac{3}{10}$
22. $10\frac{5}{22}$
23. $7\frac{1}{26}$
24. $10\frac{6}{32}$
25. 6
26. $9\frac{3}{28}$
27. $9\frac{9}{14}$
28. $10\frac{6}{29}$
29. $8\frac{2}{18}$
30. $7\frac{14}{20}$
31. $6\frac{2}{30}$
32. $12\frac{8}{25}$
33. $8\frac{14}{27}$
34. $9\frac{2}{15}$
35. $7\frac{6}{11}$
36. $5\frac{6}{21}$

2일

36쪽

1. $11\frac{1}{5}$
2. $10\frac{1}{11}$
3. $4\frac{1}{17}$
4. $8\frac{3}{12}$
5. $3\frac{23}{26}$
6. $7\frac{16}{19}$
7. $7\frac{1}{21}$
8. $11\frac{13}{16}$
9. $7\frac{2}{19}$
10. $5\frac{12}{20}$
11. $8\frac{2}{30}$
12. $8\frac{24}{32}$
13. $3\frac{2}{15}$
14. $3\frac{1}{22}$
15. $9\frac{12}{14}$
16. 8
17. $8\frac{6}{13}$
18. $6\frac{9}{21}$

37쪽

19. $5\frac{18}{27}$
20. $5\frac{2}{23}$
21. $6\frac{10}{21}$
22. $7\frac{8}{15}$
23. $9\frac{1}{28}$
24. $7\frac{1}{20}$
25. $10\frac{1}{7}$
26. $6\frac{3}{18}$
27. $8\frac{13}{22}$
28. $11\frac{7}{30}$
29. $5\frac{39}{50}$
30. $9\frac{32}{43}$
31. $6\frac{25}{31}$
32. $9\frac{34}{39}$
33. $7\frac{4}{33}$
34. $8\frac{2}{19}$
35. $9\frac{6}{25}$
36. $7\frac{3}{35}$

3일

38쪽

1. $6\frac{6}{8}$
2. $4\frac{9}{14}$
3. $4\frac{1}{7}$
4. $7\frac{2}{21}$
5. $5\frac{36}{42}$
6. $7\frac{2}{19}$
7. $9\frac{6}{50}$
8. $3\frac{9}{17}$
9. $6\frac{2}{9}$
10. $4\frac{20}{33}$
11. $3\frac{2}{13}$
12. $6\frac{8}{22}$
13. $6\frac{57}{72}$
14. $3\frac{14}{31}$
15. 10
16. $9\frac{8}{26}$
17. $9\frac{11}{13}$
18. $6\frac{1}{30}$

39쪽

19. $3\frac{3}{6}$
20. $5\frac{1}{5}$
21. $6\frac{1}{15}$
22. $9\frac{5}{17}$
23. $6\frac{16}{18}$
24. $9\frac{3}{22}$
25. $5\frac{2}{10}$
26. $4\frac{4}{19}$
27. $2\frac{20}{21}$
28. $6\frac{22}{25}$
29. $7\frac{2}{27}$
30. $7\frac{1}{33}$
31. $3\frac{1}{31}$
32. $7\frac{2}{43}$
33. $10\frac{8}{20}$
34. $6\frac{7}{24}$
35. $8\frac{21}{31}$
36. $9\frac{12}{16}$

4일

40쪽

1. $12\frac{10}{12}$
2. $11\frac{1}{10}$
3. $4\frac{8}{15}$
4. $7\frac{4}{7}$
5. $3\frac{1}{26}$
6. $6\frac{31}{41}$
7. $13\frac{33}{34}$
8. $8\frac{8}{17}$
9. $3\frac{7}{26}$
10. $11\frac{36}{40}$
11. $9\frac{1}{41}$
12. $13\frac{2}{7}$
13. $10\frac{3}{32}$
14. $7\frac{19}{30}$
15. $8\frac{3}{24}$
16. $11\frac{11}{13}$
17. $8\frac{14}{20}$
18. $12\frac{9}{32}$

41쪽

19. $3\frac{1}{12}$
20. $6\frac{3}{40}$
21. $5\frac{3}{27}$
22. $6\frac{8}{9}$
23. $6\frac{38}{39}$
24. $14\frac{5}{17}$
25. $4\frac{5}{15}$
26. $6\frac{26}{31}$
27. $4\frac{10}{48}$
28. $7\frac{8}{36}$
29. $6\frac{3}{41}$
30. $5\frac{31}{44}$
31. $9\frac{14}{21}$
32. 11
33. $7\frac{9}{30}$
34. $7\frac{16}{25}$
35. $8\frac{9}{23}$
36. $11\frac{2}{32}$

5일

42쪽

1. $8\frac{1}{4}$
2. $7\frac{2}{9}$
3. $5\frac{4}{7}$
4. $6\frac{15}{16}$
5. $14\frac{1}{15}$
6. $9\frac{15}{40}$
7. $8\frac{5}{22}$
8. $7\frac{1}{33}$
9. $11\frac{46}{50}$
10. $7\frac{22}{25}$

43쪽

11. $3\frac{7}{8}$ / $8\frac{2}{10}$
12. $9\frac{2}{7}$ / $8\frac{1}{6}$
13. $9\frac{10}{15}$ / $10\frac{22}{23}$
14. $6\frac{1}{14}$ / $9\frac{13}{30}$
15. $8\frac{8}{11}$ / $6\frac{2}{9}$
16. $7\frac{2}{5}$ / $13\frac{3}{6}$
17. 7 / $5\frac{22}{29}$
18. $6\frac{4}{36}$ / $7\frac{14}{34}$

생각 수학

44쪽

(축구를 한 시간)+(농구를 한 시간)$=1\frac{1}{5}+\boxed{1\frac{2}{5}}=\boxed{2\frac{3}{5}}$(시간)

45쪽

서점
$1\frac{4}{9}+1\frac{3}{9}$
$1\frac{5}{8}+3\frac{6}{8}$
$1\frac{2}{9}+1\frac{3}{9}$
문구점
$2\frac{7}{8}+2\frac{6}{8}$
$3\frac{6}{11}+3\frac{9}{11}$
$1\frac{5}{7}+2\frac{2}{7}$
$1\frac{6}{7}+1\frac{1}{7}$
$4\frac{8}{11}+2\frac{9}{11}$
마트
$2\frac{9}{14}+1\frac{8}{14}$
$1\frac{8}{14}+2\frac{7}{14}$
빵집
꽃집

정답 4주 분모가 같은 대분수의 뺄셈

1일

48쪽 / 49쪽

번호	답	번호	답	번호	답	번호	답	번호	답	번호	답
1	$1\frac{2}{5}$	7	$1\frac{2}{40}$	13	$1\frac{5}{18}$	19	$3\frac{2}{11}$	25	$2\frac{13}{14}$	31	$1\frac{8}{10}$
2	$3\frac{5}{9}$	8	$2\frac{11}{14}$	14	$4\frac{4}{9}$	20	$4\frac{8}{25}$	26	$3\frac{4}{5}$	32	$2\frac{14}{23}$
3	$1\frac{3}{11}$	9	$1\frac{2}{6}$	15	$4\frac{9}{11}$	21	$1\frac{31}{32}$	27	$1\frac{5}{9}$	33	$1\frac{13}{19}$
4	$\frac{8}{15}$	10	$3\frac{14}{26}$	16	$7\frac{10}{16}$	22	$1\frac{19}{20}$	28	$\frac{36}{38}$	34	$4\frac{16}{30}$
5	$2\frac{7}{20}$	11	$4\frac{6}{15}$	17	$3\frac{2}{15}$	23	$1\frac{4}{11}$	29	$2\frac{13}{41}$	35	$5\frac{19}{20}$
6	$2\frac{1}{17}$	12	$2\frac{10}{16}$	18	$1\frac{14}{25}$	24	$1\frac{2}{6}$	30	$5\frac{27}{30}$	36	$1\frac{13}{18}$

2일

50쪽 / 51쪽

번호	답	번호	답	번호	답	번호	답	번호	답	번호	답
1	$\frac{8}{30}$	7	$1\frac{2}{16}$	13	$1\frac{15}{19}$	19	$2\frac{3}{15}$	25	1	31	$\frac{18}{20}$
2	$1\frac{26}{27}$	8	$3\frac{6}{40}$	14	$2\frac{10}{11}$	20	$1\frac{9}{29}$	26	$\frac{5}{7}$	32	$5\frac{13}{18}$
3	$1\frac{5}{25}$	9	$3\frac{7}{16}$	15	$1\frac{13}{24}$	21	$3\frac{13}{16}$	27	$\frac{3}{9}$	33	$3\frac{7}{15}$
4	$2\frac{13}{15}$	10	$1\frac{10}{23}$	16	$2\frac{6}{10}$	22	$2\frac{4}{7}$	28	$1\frac{16}{17}$	34	$6\frac{2}{12}$
5	$4\frac{4}{5}$	11	$\frac{4}{6}$	17	$3\frac{11}{21}$	23	$1\frac{12}{17}$	29	$4\frac{5}{24}$	35	$2\frac{9}{13}$
6	$1\frac{4}{14}$	12	$5\frac{18}{20}$	18	$2\frac{27}{28}$	24	$3\frac{28}{30}$	30	$3\frac{17}{21}$	36	$2\frac{1}{9}$

3일

52쪽 / 53쪽

번호	답	번호	답	번호	답	번호	답	번호	답	번호	답
1	$3\frac{2}{4}$	7	$5\frac{11}{22}$	13	$4\frac{4}{16}$	19	$2\frac{2}{14}$	25	$1\frac{4}{7}$	31	$4\frac{11}{20}$
2	$1\frac{18}{25}$	8	$1\frac{11}{40}$	14	$1\frac{13}{34}$	20	$3\frac{14}{16}$	26	$3\frac{17}{22}$	32	$\frac{8}{20}$
3	$1\frac{12}{14}$	9	$3\frac{13}{14}$	15	$1\frac{2}{12}$	21	$4\frac{13}{40}$	27	$2\frac{11}{15}$	33	$1\frac{19}{25}$
4	$3\frac{2}{13}$	10	$3\frac{7}{20}$	16	$4\frac{16}{19}$	22	$1\frac{14}{26}$	28	$1\frac{14}{16}$	34	$3\frac{3}{30}$
5	$6\frac{16}{17}$	11	$2\frac{9}{22}$	17	$2\frac{10}{31}$	23	$7\frac{25}{28}$	29	$3\frac{3}{17}$	35	$4\frac{8}{29}$
6	$6\frac{4}{7}$	12	$1\frac{1}{7}$	18	$1\frac{25}{27}$	24	$3\frac{15}{18}$	30	$2\frac{21}{25}$	36	$3\frac{2}{16}$

4일

54쪽

1. $2\frac{2}{4}$
2. $1\frac{2}{8}$
3. $1\frac{11}{17}$
4. $\frac{20}{23}$
5. $2\frac{8}{20}$
6. $1\frac{7}{26}$
7. $2\frac{19}{37}$
8. $4\frac{13}{15}$
9. $2\frac{24}{34}$
10. $\frac{14}{30}$
11. $1\frac{6}{13}$
12. $\frac{7}{9}$
13. $5\frac{28}{35}$
14. $2\frac{12}{15}$
15. $3\frac{13}{19}$
16. $1\frac{6}{12}$
17. $\frac{15}{21}$
18. $3\frac{6}{20}$

55쪽

19. $2\frac{9}{15}$
20. $2\frac{8}{31}$
21. $\frac{9}{14}$
22. $3\frac{17}{29}$
23. $5\frac{23}{27}$
24. $4\frac{21}{23}$
25. $\frac{25}{33}$
26. $1\frac{6}{7}$
27. $1\frac{8}{9}$
28. $1\frac{11}{16}$
29. $1\frac{4}{7}$
30. $5\frac{28}{29}$
31. $2\frac{12}{25}$
32. $\frac{10}{13}$
33. $3\frac{16}{18}$
34. $5\frac{8}{29}$
35. $1\frac{14}{20}$
36. $5\frac{19}{25}$

5일

56쪽

1. $3\frac{3}{6}$
2. $\frac{1}{6}$
3. $3\frac{6}{7}$
4. $2\frac{1}{8}$
5. $1\frac{3}{13}$
6. $5\frac{1}{15}$
7. $2\frac{3}{11}$
8. $4\frac{3}{9}$
9. $1\frac{3}{16}$
10. $\frac{29}{40}$
11. $1\frac{5}{8}$
12. $\frac{10}{30}$

57쪽

(위에서부터)

13. $6\frac{1}{15}$ / $3\frac{7}{15}$ / $2\frac{13}{15}$, $\frac{4}{15}$
14. $2\frac{2}{17}$ / $1\frac{3}{17}$ / $2\frac{14}{17}$, $1\frac{15}{17}$
15. $2\frac{2}{12}$ / $1\frac{9}{12}$ / $1\frac{1}{12}$, $\frac{8}{12}$
16. $1\frac{2}{10}$ / $\frac{9}{10}$ / $2\frac{5}{10}$, $2\frac{2}{10}$
17. $2\frac{4}{9}$ / $2\frac{3}{9}$ / $1\frac{5}{9}$, $1\frac{4}{9}$
18. $2\frac{19}{21}$ / $1\frac{9}{21}$ / $1\frac{16}{21}$, $\frac{6}{21}$

생각 수학

58쪽

59쪽

두 분수의 차가 가장 작은 사람은 준기 입니다.

정답 5주 분모가 같은 분수의 덧셈과 뺄셈

1일

62쪽

1 $1\frac{2}{5}$	7 $1\frac{11}{23}$	13 $\frac{11}{26}$
2 $\frac{17}{19}$	8 $3\frac{12}{34}$	14 $12\frac{6}{7}$
3 $6\frac{2}{11}$	9 $9\frac{3}{4}$	15 $1\frac{6}{31}$
4 $6\frac{11}{20}$	10 $5\frac{2}{17}$	16 $1\frac{5}{7}$
5 11	11 $12\frac{18}{21}$	17 $7\frac{16}{30}$
6 $\frac{7}{9}$	12 $8\frac{12}{20}$	18 $10\frac{5}{15}$

63쪽

19 $2\frac{14}{17}$	25 $\frac{6}{24}$	31 $5\frac{15}{24}$
20 $\frac{14}{19}$	26 $\frac{7}{26}$	32 $3\frac{6}{8}$
21 $3\frac{15}{16}$	27 $1\frac{1}{3}$	33 $\frac{4}{15}$
22 $\frac{5}{11}$	28 $1\frac{20}{23}$	34 $3\frac{12}{20}$
23 $2\frac{6}{21}$	29 $3\frac{7}{12}$	35 $3\frac{4}{7}$
24 $\frac{9}{25}$	30 $\frac{3}{18}$	36 $2\frac{9}{22}$

2일

64쪽

1 $\frac{5}{8}$	7 $\frac{18}{27}$	13 $10\frac{16}{21}$
2 $\frac{19}{20}$	8 $9\frac{3}{38}$	14 $6\frac{1}{11}$
3 $10\frac{1}{12}$	9 $7\frac{10}{16}$	15 $1\frac{4}{19}$
4 $1\frac{8}{25}$	10 $5\frac{1}{4}$	16 $\frac{17}{29}$
5 2	11 $6\frac{1}{32}$	17 $6\frac{1}{8}$
6 $1\frac{1}{37}$	12 $10\frac{14}{28}$	18 $1\frac{10}{15}$

65쪽

19 $\frac{2}{5}$	25 $4\frac{5}{12}$	31 $1\frac{11}{14}$
20 $\frac{5}{16}$	26 $1\frac{15}{22}$	32 $\frac{18}{24}$
21 $\frac{7}{13}$	27 $\frac{16}{21}$	33 $5\frac{9}{10}$
22 $2\frac{6}{17}$	28 $\frac{5}{6}$	34 $7\frac{14}{23}$
23 $5\frac{6}{9}$	29 $2\frac{4}{25}$	35 $\frac{6}{26}$
24 2	30 $3\frac{9}{15}$	36 $1\frac{19}{20}$

3일

66쪽

1 $1\frac{2}{11}$	7 $9\frac{13}{23}$	13 $8\frac{31}{32}$
2 $9\frac{16}{22}$	8 $6\frac{7}{10}$	14 $9\frac{3}{27}$
3 $\frac{12}{40}$	9 $10\frac{3}{32}$	15 $\frac{18}{42}$
4 $7\frac{9}{30}$	10 1	16 $3\frac{4}{33}$
5 $\frac{22}{28}$	11 $1\frac{1}{20}$	17 $9\frac{1}{24}$
6 $5\frac{12}{16}$	12 $8\frac{8}{18}$	18 $1\frac{14}{17}$

67쪽

19 2	25 $1\frac{1}{19}$	31 $\frac{5}{12}$
20 $\frac{5}{7}$	26 $\frac{2}{15}$	32 $\frac{2}{17}$
21 $1\frac{2}{10}$	27 $3\frac{16}{18}$	33 $1\frac{9}{13}$
22 $4\frac{13}{14}$	28 $7\frac{11}{15}$	34 $3\frac{26}{27}$
23 $\frac{3}{11}$	29 $4\frac{2}{20}$	35 $4\frac{7}{21}$
24 $\frac{14}{16}$	30 $5\frac{15}{22}$	36 $1\frac{8}{12}$

4일

68쪽

1	$9\frac{36}{41}$	7	$6\frac{13}{18}$	13	$6\frac{1}{34}$
2	$\frac{11}{13}$	8	$1\frac{14}{32}$	14	$6\frac{15}{17}$
3	$1\frac{5}{30}$	9	$1\frac{8}{15}$	15	$3\frac{1}{31}$
4	$1\frac{25}{40}$	10	$10\frac{6}{10}$	16	$9\frac{8}{14}$
5	$6\frac{2}{6}$	11	$5\frac{18}{36}$	17	$9\frac{5}{26}$
6	$\frac{7}{9}$	12	$\frac{21}{22}$	18	$1\frac{3}{33}$

69쪽

19	$\frac{2}{6}$	25	$\frac{20}{21}$	31	2
20	$3\frac{3}{11}$	26	$4\frac{6}{14}$	32	$5\frac{9}{24}$
21	$1\frac{5}{9}$	27	$\frac{3}{20}$	33	$\frac{2}{12}$
22	$\frac{4}{10}$	28	$\frac{4}{8}$	34	$1\frac{15}{23}$
23	$\frac{9}{15}$	29	$6\frac{20}{22}$	35	$\frac{2}{7}$
24	$\frac{3}{19}$	30	$5\frac{10}{16}$	36	$1\frac{2}{13}$

5일

70쪽

1	$\frac{5}{9}$	6	$4\frac{5}{26}$
2	$1\frac{5}{7}$	7	$\frac{11}{20}$
3	$3\frac{5}{11}$	8	$3\frac{3}{17}$
4	$7\frac{13}{15}$	9	$2\frac{2}{9}$
5	1	10	$5\frac{9}{13}$

71쪽

11	$\frac{3}{10}$	15	$\frac{16}{17}$
12	$3\frac{4}{13}$	16	$4\frac{3}{11}$
13	$1\frac{11}{16}$	17	$\frac{12}{15}$
14	$3\frac{15}{18}$	18	$5\frac{3}{10}$

생각 수학

72쪽

73쪽

정답 6주 자릿수가 같은 소수의 덧셈

1일

76쪽

번호	답	번호	답	번호	답
1	1.1	7	39.1	13	23
2	1.2	8	3.5	14	10.63
3	1.3	9	41.3	15	30.2
4	3.3	10	22.4	16	5.27
5	6.2	11	33.4	17	0.91
6	10.8	12	6.77	18	8.33

77쪽

번호	답	번호	답	번호	답
19	1.3	25	0.7	31	1.3
20	9.9	26	12.9	32	12.2
21	26.1	27	56.7	33	41.3
22	36.1	28	42.1	34	28.7
23	1.14	29	0.83	35	1.1
24	5.69	30	11.55	36	11.72

2일

78쪽

번호	답	번호	답	번호	답
1	0.8	7	17.1	13	0.41
2	1.1	8	42.1	14	2.3
3	1.1	9	34.1	15	1.14
4	10.1	10	20.2	16	5.6
5	8.1	11	49.9	17	13.08
6	12	12	26.1	18	9.32

79쪽

번호	답	번호	답	번호	답
19	0.7	25	12.2	31	1.4
20	4.1	26	7.7	32	8.2
21	8.1	27	10.2	33	10.1
22	30.1	28	18.9	34	29.9
23	0.39	29	3.7	35	1.02
24	3.8	30	8.11	36	10.19

3일

80쪽

번호	답	번호	답	번호	답
1	1.1	6	0.8	11	15.3
2	39.2	7	0.8	12	29.5
3	9.3	8	4	13	18.2
4	7.4	9	1.01	14	4.46
5	0.96	10	25.5	15	7.9

81쪽

번호	답	번호	답	번호	답
16	1.4	23	21.1	30	0.69
17	0.83	24	22	31	9.93
18	9.5	25	39.2	32	10.6
19	39.2	26	25.2	33	28.5
20	10.8	27	41.1	34	0.82
21	0.6	28	0.99	35	5.7
22	0.63	29	20	36	33.2

4일

82쪽

1	4.1	6	0.7	11	1.3
2	1.07	7	7.12	12	35.3
3	5.5	8	29.9	13	1.41
4	6.7	9	19.2	14	14.1
5	0.68	10	34.8	15	45.2

83쪽

16	1.2	23	11.8	30	38.7
17	3.66	24	1.3	31	5.3
18	17	25	25.3	32	4.8
19	8.4	26	1.1	33	1.82
20	9.9	27	11.1	34	21
21	16.3	28	26.5	35	5.57
22	4.5	29	1.21	36	10.39

5일

84쪽

1	1.1	6	6.3
2	4.66	7	12.67
3	4.44	8	10.6
4	15.2	9	7.21
5	30.3	10	28.3

85쪽

(위에서부터)

11	1.2 / 1.4	15	25.5 / 24.3
12	21.2 / 38.1	16	4.22 / 6.25
13	6.19 / 4.41	17	12.25 / 10.71
14	29.1 / 12.3	18	20.1 / 30.4

생각 수학

86쪽 87쪽

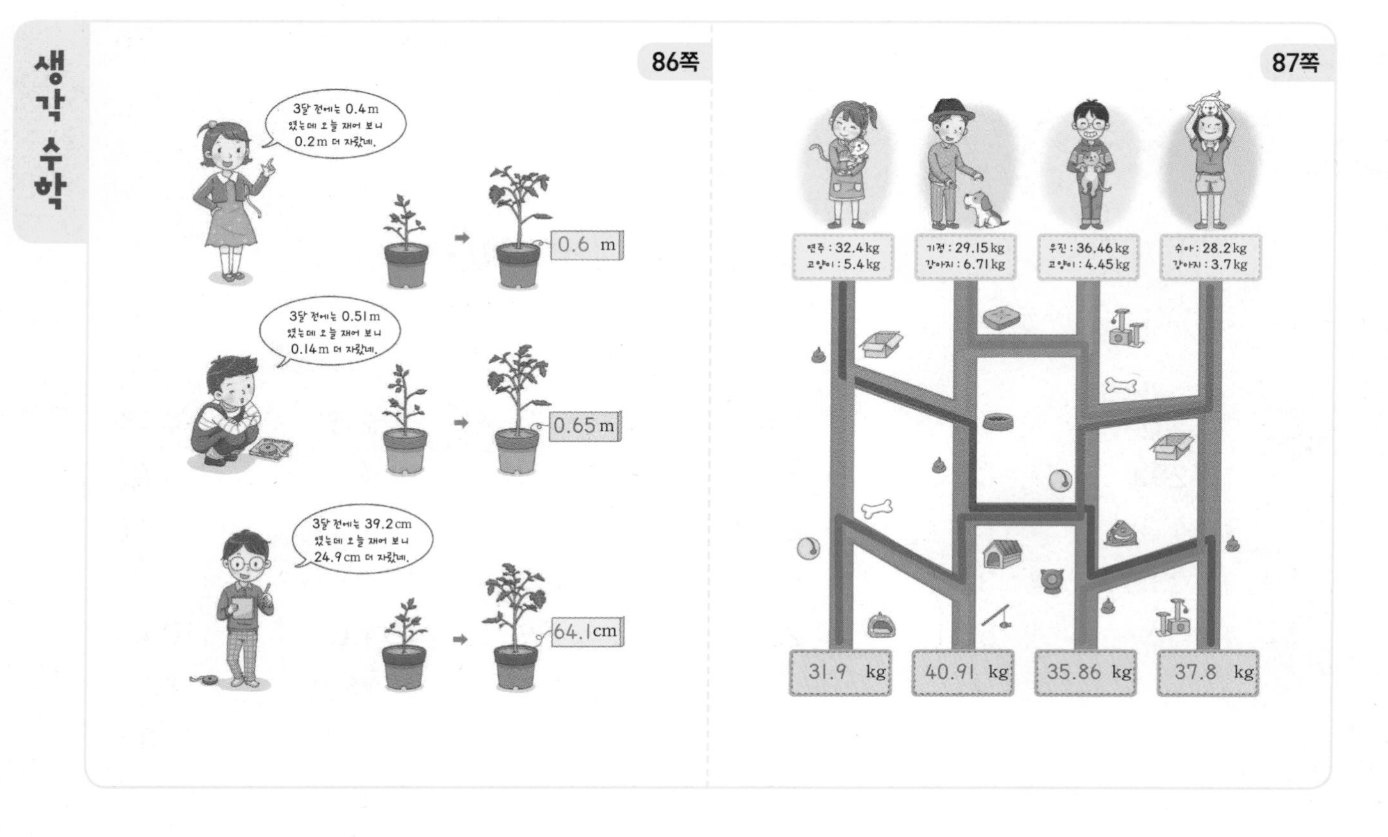

정답 7주 자릿수가 같은 소수의 뺄셈

1일

90쪽

1	0.2	7	1.1	13	1.31
2	0.4	8	6.9	14	2.13
3	0.2	9	18.6	15	3.69
4	2.7	10	13.6	16	3.89
5	2.7	11	20.3	17	3.77
6	4.6	12	18.8	18	5.59

91쪽

19	0.1	25	0.5	31	7.7
20	1.1	26	2.8	32	4.8
21	2.4	27	5.6	33	5.9
22	8.9	28	21.7	34	16.8
23	0.42	29	0.89	35	2.11
24	1.97	30	4.1	36	5.49

2일

92쪽

1	0.3	7	22.6	13	0.5
2	1.9	8	1.51	14	4.9
3	5.7	9	3.1	15	3.1
4	0.5	10	31.1	16	18.9
5	3.2	11	1.47	17	2.1
6	5.5	12	2.42	18	4.39

93쪽

19	0.4	25	3.6	31	19.2
20	23.3	26	20.8	32	0.64
21	1.9	27	19.5	33	28.9
22	44.7	28	24.3	34	21.3
23	16.8	29	6.3	35	0.33
24	0.3	30	0.54	36	0.56

3일

94쪽

1	0.5	6	7.7	11	0.4
2	20.9	7	15	12	38.1
3	4.3	8	1.9	13	29.2
4	23.9	9	32.2	14	5.6
5	4.2	10	53.1	15	23.9

95쪽

16	0.5	23	2.3	30	41.8
17	22.4	24	4	31	0.4
18	43.1	25	15.9	32	1.97
19	18.7	26	0.1	33	4.18
20	2.9	27	1.6	34	0.44
21	1.8	28	18.9	35	8.7
22	15.9	29	7.7	36	1.83

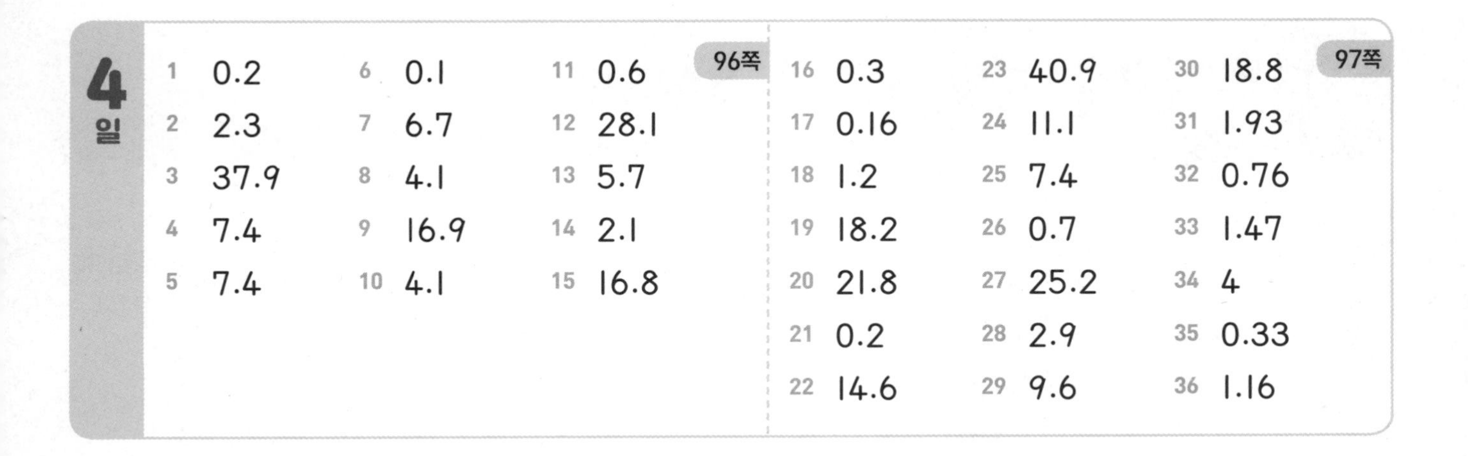

4일

96쪽

1	0.2	6	0.1	11	0.6
2	2.3	7	6.7	12	28.1
3	37.9	8	4.1	13	5.7
4	7.4	9	16.9	14	2.1
5	7.4	10	4.1	15	16.8

97쪽

16	0.3	23	40.9	30	18.8
17	0.16	24	11.1	31	1.93
18	1.2	25	7.4	32	0.76
19	18.2	26	0.7	33	1.47
20	21.8	27	25.2	34	4
21	0.2	28	2.9	35	0.33
22	14.6	29	9.6	36	1.16

5일

98쪽

1	0.5	6	4.6
2	6.8	7	5.49
3	0.52	8	7.9
4	14	9	5.42
5	4.9	10	11.2

99쪽

11	3.9	16	2.3
12	14.4	17	7.9
13	4.38	18	0.68
14	7.9	19	5.6
15	5.85	20	2.22

생각 수학

100쪽

101쪽

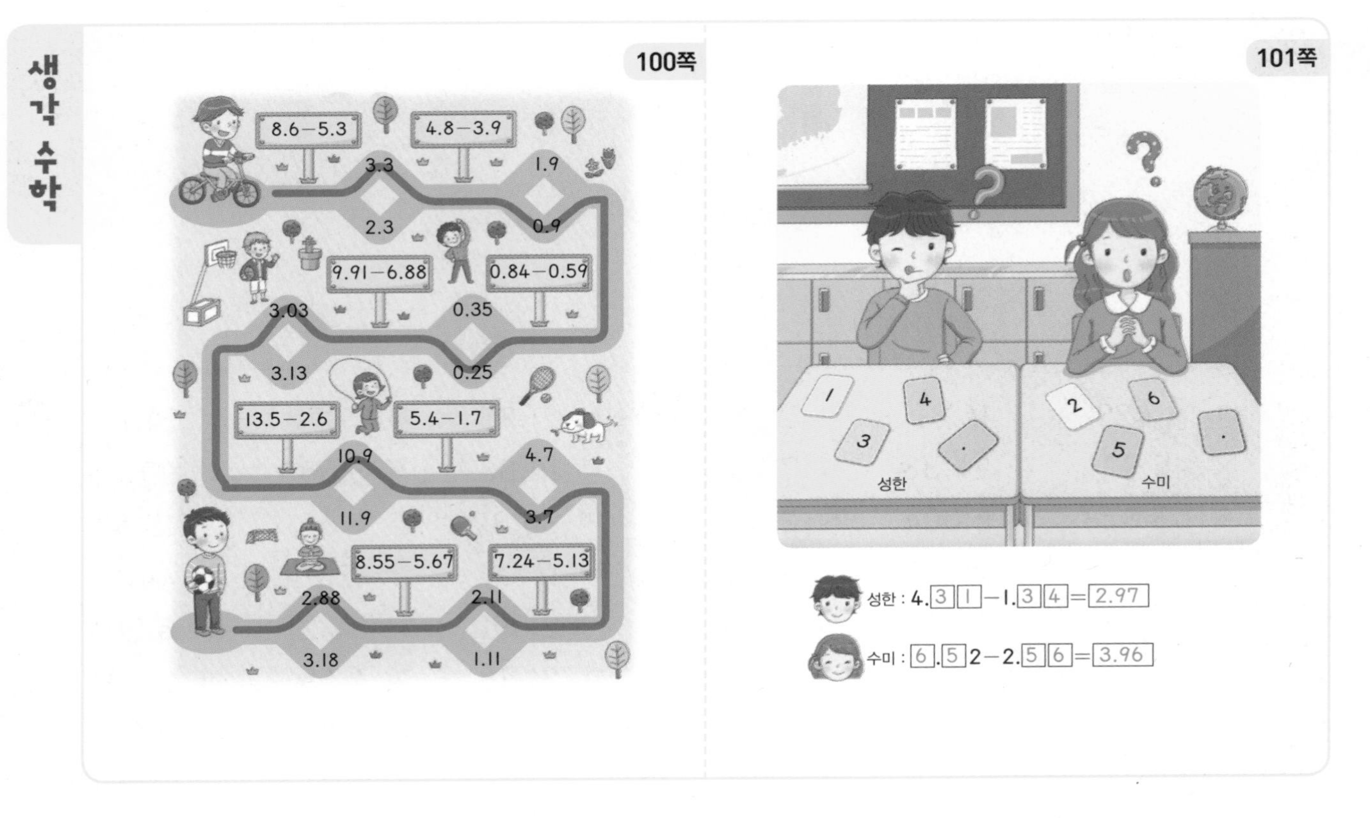

정답 8주 자릿수가 다른 소수의 덧셈

1일

104쪽

1	4.67	7	3.35	13	15.71
2	20.09	8	20.73	14	9.56
3	2.622	9	3.515	15	19.21
4	8.79	10	17.98	16	12.05
5	16.05	11	32.51	17	23.85
6	6.538	12	24.16	18	2.016

105쪽

19	4.88	25	26.65	31	35.03
20	14.04	26	9.86	32	7.29
21	19.76	27	15.04	33	70.01
22	30.95	28	20.69	34	12.08
23	33.03	29	13.62	35	77.91
24	9.74	30	29.06	36	15.75

2일

106쪽

1	37.26	7	40.07	13	9.42
2	3.458	8	12.47	14	19.02
3	16.67	9	16.29	15	23.58
4	28.02	10	65.64	16	52.01
5	46.19	11	70.77	17	39.15
6	23.52	12	8.125	18	9.127

107쪽

19	10.93	25	4.612	31	64.01
20	12.35	26	59.91	32	20.37
21	35.05	27	7.29	33	12.03
22	33.25	28	38.34	34	97.93
23	20.95	29	18.03	35	11.93
24	71.22	30	18.34	36	24.08

3일

108쪽

1	9.429	6	16.81	11	25.86
2	15.97	7	24.33	12	7.238
3	13.323	8	6.004	13	2.03
4	2.306	9	25.18	14	31.01
5	1.449	10	20.14	15	8.966

109쪽

16	21.95	23	17.72	30	51.17
17	19.38	24	3.583	31	27.35
18	30.39	25	4.66	32	15.43
19	14.07	26	12.03	33	44.27
20	2.092	27	34.21	34	6.504
21	21.98	28	4.65	35	3.39
22	13.88	29	4.94	36	2.57

4일

110쪽

1	19.68	6	8.191	11	31.88
2	11.86	7	14.08	12	15.48
3	16.78	8	42.15	13	22.04
4	8.833	9	7.047	14	19.97
5	2.481	10	42.13	15	32.48

111쪽

16	15.53	23	37.32	30	38.27
17	43.39	24	21.78	31	2.25
18	19.07	25	7.77	32	11.13
19	18.23	26	20.52	33	2.85
20	56.17	27	18.13	34	26.58
21	11.88	28	14.29	35	7.991
22	39.23	29	1.734	36	2.956

5일

112쪽

1	3.78	6	12.79
2	36.28	7	15.2
3	11.25	8	2.53
4	19.22	9	67.39
5	17.27	10	66.59

113쪽

11	4.03	16	5.428
12	65.75	17	18.43
13	21.56	18	11.61
14	15.18	19	49.48
15	26.27	20	4.135

생각 수학

정답 9주 자릿수가 다른 소수의 뺄셈

1일

118쪽

1	5.23	7	12.23	13	4.68
2	3.58	8	1.82	14	13.96
3	0.46	9	3.393	15	1.192
4	4.78	10	3.175	16	1.181
5	9.83	11	11.85	17	10.88
6	3.028	12	5.84	18	1.261

119쪽

19	2.17	25	1.276	31	4.27
20	3.849	26	5.61	32	4.15
21	3.34	27	20.05	33	2.632
22	1.26	28	1.77	34	6.164
23	2.296	29	2.719	35	2.07
24	2.54	30	1.417	36	0.461

2일

120쪽

1	3.85	7	1.91	13	1.254
2	0.54	8	2.64	14	10.94
3	1.28	9	6.331	15	2.463
4	10.73	10	6.254	16	3.572
5	41.98	11	5.14	17	1.799
6	3.298	12	1.12	18	2.51

121쪽

19	1.79	25	3.57	31	1.44
20	1.65	26	1.636	32	4.277
21	1.208	27	31.54	33	30.81
22	0.77	28	3.806	34	1.56
23	0.982	29	1.77	35	4.836
24	1.01	30	0.95	36	3.953

3일

122쪽

1	0.26	6	0.95	11	0.36
2	1.27	7	0.84	12	3.35
3	11.64	8	1.823	13	8.84
4	1.083	9	4.563	14	1.731
5	1.554	10	2.381	15	1.018

123쪽

16	2.79	23	14.05	30	0.87
17	2.241	24	4.616	31	2.215
18	1.53	25	5.04	32	0.53
19	4.27	26	0.73	33	3.136
20	4.827	27	0.74	34	3.13
21	2.358	28	4.717	35	10.69
22	8.66	29	7.225	36	3.485

4일

124쪽

1	1.05	6	1.555	11	4.654
2	5.08	7	4.83	12	4.11
3	4.028	8	3.948	13	0.86
4	4.84	9	15.22	14	2.361
5	2.05	10	4.05	15	14.23

125쪽

16	2.75	23	0.662	30	0.573
17	0.83	24	2.64	31	0.92
18	2.852	25	1.98	32	6.763
19	1.12	26	2.764	33	4.92
20	2.02	27	2.34	34	1.56
21	7.99	28	1.76	35	0.601
22	5.07	29	1.147	36	6.72

5일

126쪽

1	0.76	6	4.56
2	1.06	7	2.06
3	7.82	8	4.968
4	7.056	9	4.129
5	3.93	10	1.15

127쪽

11	1.66	16	2.643
12	2.02	17	0.72
13	5.226	18	1.529
14	5.66	19	3.47
15	1.98	20	2.77

생각 수학

128쪽 129쪽

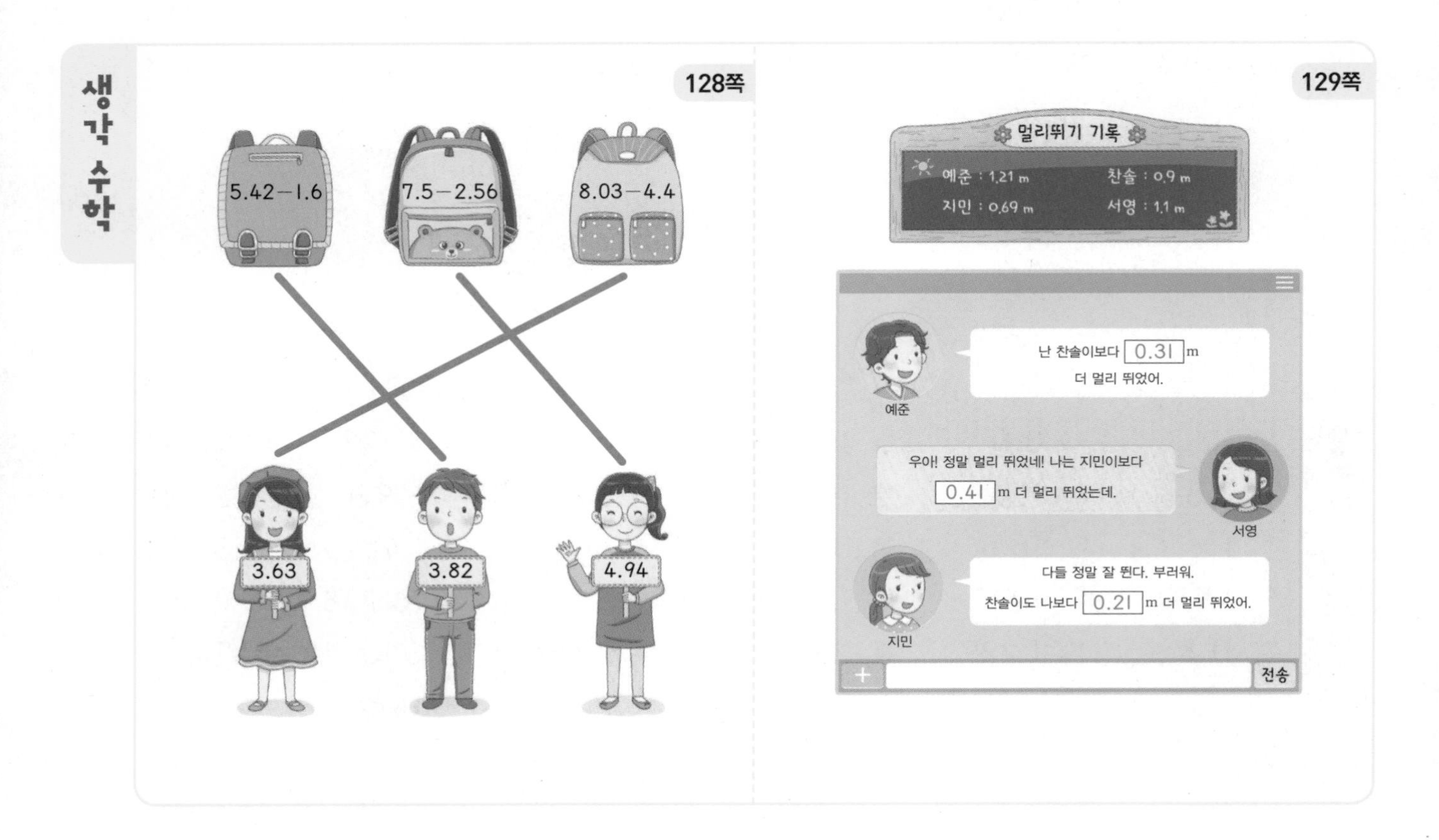

정답 10주 소수의 덧셈과 뺄셈

1일

132쪽

1	1.1	7	8.1	13	4.242
2	0.11	8	28.6	14	48.12
3	23.7	9	2.459	15	0.98
4	0.6	10	9.13	16	26.58
5	17.1	11	7.36	17	4.481
6	3.7	12	1.919	18	9.66

133쪽

19	0.9	25	0.4	31	2.839
20	0.3	26	2.421	32	22.66
21	1.8	27	1.631	33	7.662
22	4.6	28	1.766	34	10.57
23	11.03	29	41.5	35	0.825
24	7.792	30	0.441	36	0.879

2일

134쪽

1	1.2	7	21.01	13	1.9
2	6.1	8	3.53	14	7.293
3	0.8	9	14.95	15	10.04
4	2.63	10	21.59	16	3.69
5	12	11	7.619	17	13.54
6	1.512	12	10	18	8.23

135쪽

19	1.9	25	5.69	31	7.45
20	0.5	26	0.4	32	4.45
21	6.1	27	9.92	33	3.519
22	27.9	28	9.601	34	23.91
23	2.3	29	1.705	35	20.43
24	2.8	30	0.553	36	3.648

3일

136쪽

1	1.1	6	0.11	11	4.42
2	3.5	7	11.68	12	12.94
3	1	8	16.6	13	3.662
4	1.7	9	1.312	14	12.12
5	11.8	10	1.229	15	2.644

137쪽

16	0.9	23	14.23	30	42.31
17	0.4	24	9.92	31	2.829
18	1.6	25	1.482	32	3.288
19	6	26	16.298	33	21.212
20	2.498	27	3.13	34	7.4
21	2.8	28	11.68	35	10.66
22	1.564	29	9.21	36	8.528

4일

138쪽

1 35.4
2 0.2
3 6.15
4 1.525
5 0.621
6 2.73
7 0.429
8 14.19
9 0.29
10 8.17
11 7.526
12 11.75
13 3.856
14 49.2
15 5.688

139쪽

16 0.7
17 0.5
18 0.6
19 11
20 3.65
21 1
22 9.8
23 1.215
24 10.91
25 9.95
26 1.912
27 0.728
28 5.68
29 1.246
30 8.501
31 11.512
32 10.466
33 11.885
34 0.74
35 1.788
36 4.395

5일

140쪽

1 2.4 / 3.53
2 6.2 / 3.48
3 3 / 2.69
4 24.3 / 14.15
5 1.86 / 4.4
6 1.2 / 0.481
7 4.988 / 2.648
8 3.21 / 4.09

141쪽

(위에서부터)

9 2.2 / 0.83 / 0.87, 0.5
10 5 / 2 / 1.8, 1.2
11 8.2 / 3.9 / 2.2, 2.1
12 30.6 / 23.4 / 0.4, 6.8
13 6.292 / 4.662 / 1.018, 0.612
14 16.04 / 6.184 / 2.696, 7.16
15 4.731 / 3.22 / 1.35, 0.161
16 9.64 / 3.592 / 1.928, 4.12

생각 수학

142쪽 **143쪽**

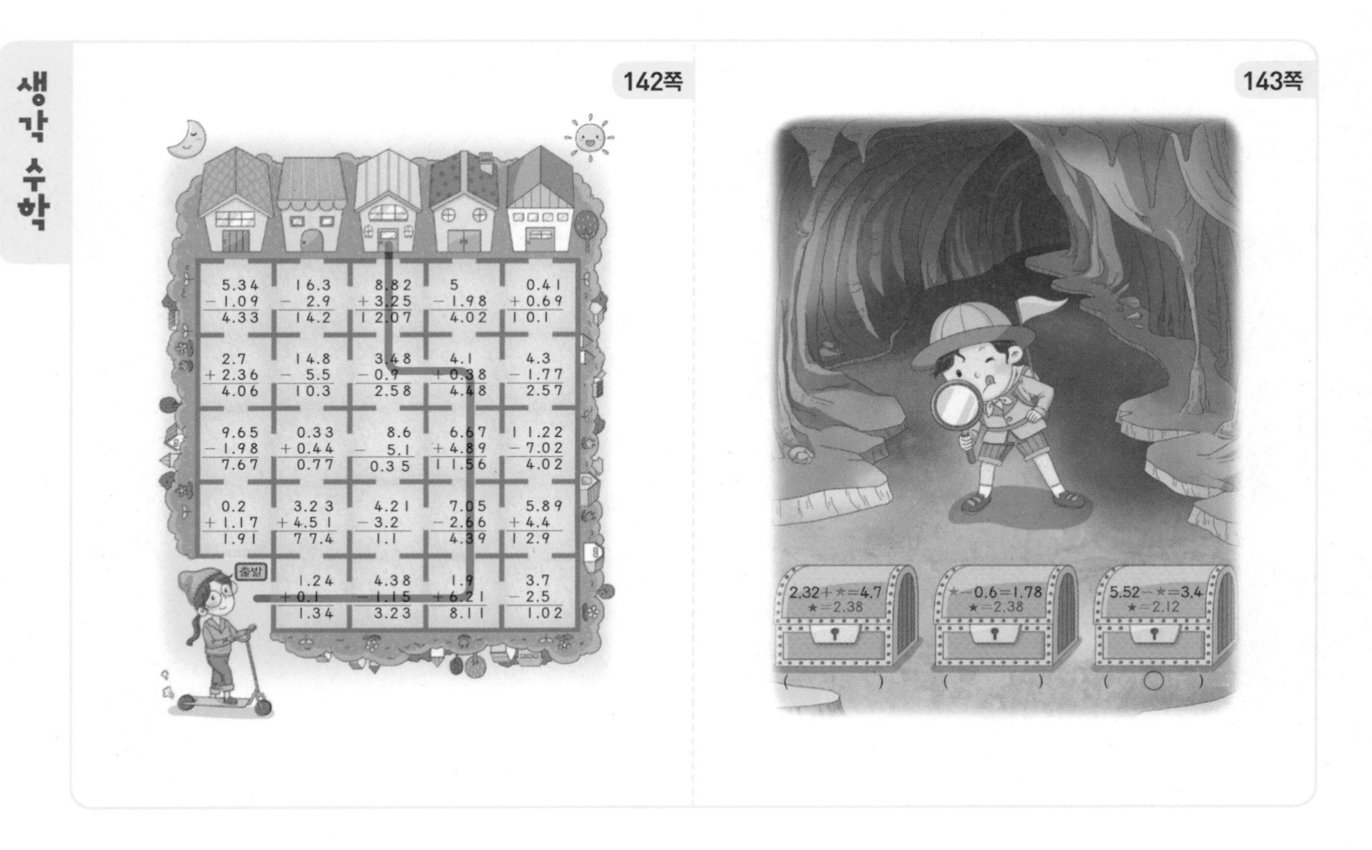

메모

1일 10분

초등 메가 계산력

정답